KB219741

과학 교사를 위한
탐구학습 과학실험

박범익, 채광표 지음

전파과학사

머리말

2천 년대의 미래 사회는 과학 기술이 고도로 발전한 정보 집약적 산업 사회로서 모든 분야에서 전문성과 창의성이 요구될 것이다. 따라서 그와 같은 사회에서 적응하여 살아가기 위해서는 과학에 대한 폭넓은 이해와 기본적인 소양이 필요 하다.

과학은 자연을 관찰하고, 경험한 사실을 바탕으로 자연을 이해하고 설명할 수 있는 해답을 찾아가는 과정이다. 따라서 과학 학습은 어릴 때부터 탐구적인 활동과 사고를 통하여 이루어져야 한다. 이러한 과학 학습에서 중요한 것은 학생들의 사고력을 높여 주는 탐구적 실험 활동이다.

이 책은 이와 같은 「탐구 학습을 위한 과학 실험」의 소재와 방법을 기초적인 내용에서부터 응용적인 내용까지 체계 적으로 소개해 주고 있다. 여기 소개된 실험내용들은 UNESCO 에서 세계 각국의 과학 교육자들의 협조를 받아 만든 《SOURCE BOOK FOR SCIENCE TEACHING》을 중심으로 우리나라 신교육 과정에 맞추어 구성하였다.

이 책은 초·중학교 교과서 실험 내용을 보충할 수 있도록 되어 있으며, 그 실험의 기본 원리와 과정을 응용할 수 있는 아이디어를 얻을 수 있도록 짜여 있다. 따라서 초·중학교 과학 교사들에게는 탐구 실험 지도의 기본적인 안내서가 될 수 있을 뿐 아니라, 실험에 관한 평가 (실험고사) 자료로도 이용될 수 있을 것이다. 아울러 과학반 운영, 각종 과학 실험 연구 대회, 과학 발명품 경진대회 등을 준비하는 지도 자료로도 활용될 수 있을 것이라 기대된다.

그러나 필자의 능력이 부족하여 이 책의 실험 내용이나 설명에 미비한 점이 많을 줄 생각한다. 현장에서 직접 과학 교육을 담당하시는 여러 선생님들의 기탄없는 비판과 조언을 바라마지 않는다.

지은이

차례

제1장
간단한 기초 실험 기구 만들기

실험과 관찰을 통하여 과학을 가르치려면 자주 사용되는 기초 실험 기구들이 있다. 예를 들면 알코올램프, 삼각대, 플라스크, 수조, 여과기 등이다. 제1장에서는 이러한 실험 기구를 손쉽게 만드는 방법을 알아보자.

A. 저울

(1) 간이 탄성 저울

못쓰게 된 깡통 뚜껑의 둘레에 못을 사용하여 같은 간격으로 네 개의 구멍을 뚫는다. 여기에 실을 꿰어 서로 잡아맨다. 이것을 고무줄에 매어 못에 매단다. 저울 눈금은 메스실린더로 물의 부피를 재어서 부어가면서 만들거나 분동이 있으면 더 쉽게 만들 수 있다. 물을 이용할 때는 10㏄ 물을 붓고 10g으로 표시하면 된다. 돌멩이나 동전 같은 것들의 무게를 이 기구로 쉽게 잴 수 있다(그림 1).

(2) 실용적인 용수철 저울

고무줄의 탄성력은 나쁜 기후 조건에서는 성능이 크게 저하되지만 용수철은 보다 우수하다.

그림에서 전체적인 모양을 알 수 있을 것이다. 용수철은 원형의 통 속에 있어서 보호를 받으며 아래쪽의 눈금자에서 무게

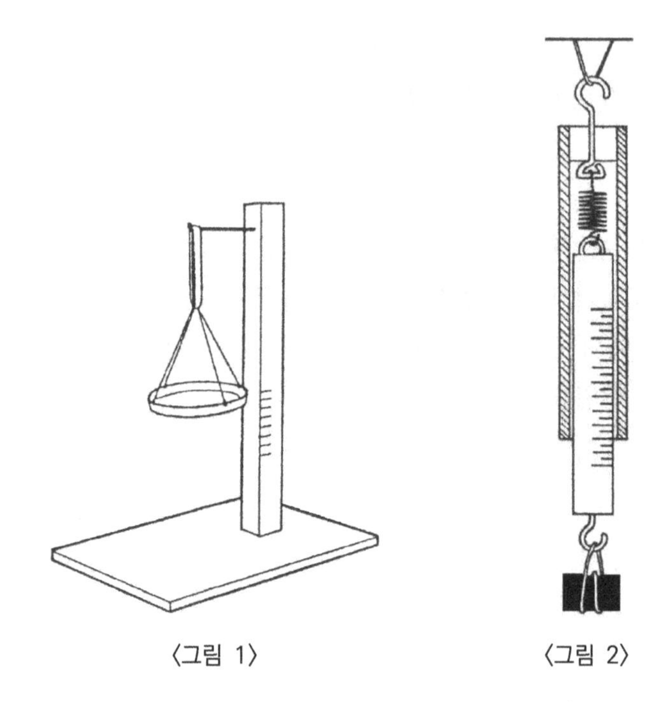

〈그림 1〉 〈그림 2〉

를 읽으면 된다.

먼저 용수철을 만들어 대나무나 플라스틱 대롱 속에 넣고 그림과 같이 매단다. 용수철의 다른 쪽 끝은 고리를 만들어 나무 막대에 연결한다. 용수철의 위쪽 고리를 고정하고 원통 속에 넣어 저울을 만든다. 다른 고리는 눈금이 새겨진 나무 끝에 매단다(그림 2).

(3) 무거운 것을 재는 용수철 저울

의자나 자동차 의자의 용수철을 나무판자에 고정시킨다. 계량 접시는 커다란 양철 뚜껑이나 양철 판을 이용한다. 이것을 용수철의 위쪽에 붙이게 되는데, 이때 납땜하기가 어려우면 적

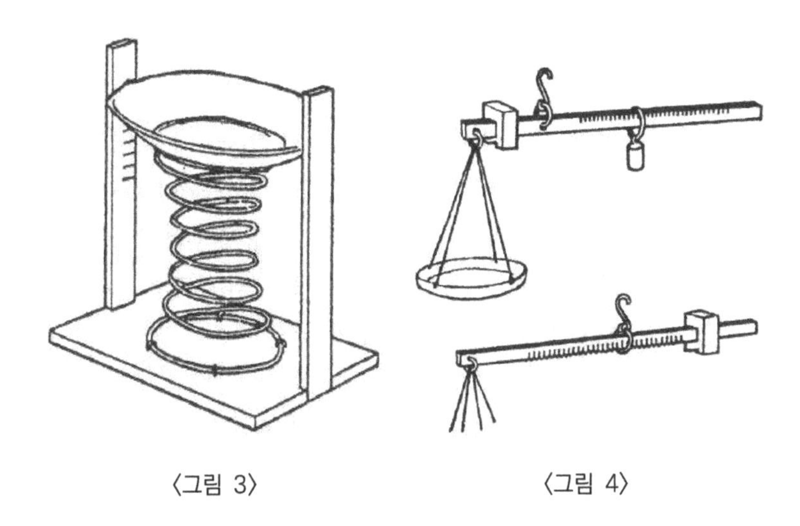

〈그림 3〉 〈그림 4〉

당한 위치에 두 개의 구멍을 뚫어 가느다란 철사로 고정시켜도 된다.

두 개의 작은 나무를 세로로 세운다. 이것은 계량 접시를 보호해 준다. 계량 접시에 1/2㎏, 1㎏, 2㎏ 등의 추를 올려가면서 세로로 세운 나무 막대에 눈금을 표시한다. 병 속에 들어 있는 물의 부피는 물론, 이 밖에 여러 가지의 무게도 이 기구로 측정할 수 있다(그림 3).

(4) 대저울

로마나 덴마크에서는 저울대로 납이나 쇠로 된 파이프를 사용했으며 끈을 저울 축으로 삼았다. 저울대는 나무나 금속 막대를 사용할 수 있으며 저울대에는 톱니 모양의 눈금을 아래쪽에 새겨서 여러 가지 물체의 질량을 측정한다(그림 4).

(5) 실험용 대저울

1m 길이의 나무에 한쪽 끝에서 12㎝, 위에서 3㎜ 되는 위치에 바늘을 꽂아서 500g까지 측정할 수 있는 대저울을 만든다. 납과 같이 무거운 추를 이용한다. 납을 추로 사용하려면 깡통을 이용하여 주조할 수도 있다. 깡통 뚜껑에 6㎝ 정도의 끈을 매어서 계량 접시로 사용한다. U자 모양의 철판을 나무 위에 고정시켜 지지대를 만든다. 50g의 추와 1g의 라이더를 만들어 올려놓는다.

또 50g의 추와 1g의 라이더를 이용해서 눈금을 만든다. 이렇게 만든 실험용 대저울은 이용하기도 쉽다(그림 5).

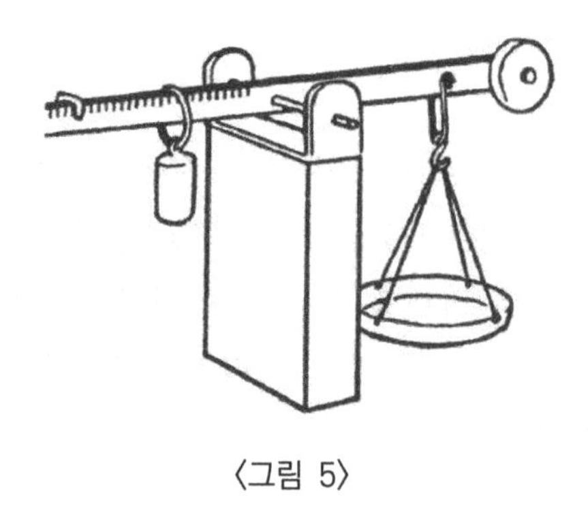

〈그림 5〉

(6) 시계태엽으로 만든 저울

0~1g 또는 0~10g까지 측정할 수 있는 민감한 저울을 시계용수철 조각과 나무토막을 이용하여 만들 수 있다.

나무토막을 그림에서와 같이 바닥 널빤지에 세운다. 20㎝ 정도의 시계태엽을 그 위에 고정시키고 딱딱한 종이로 깔때기처럼 만들어 접착제로 용수철 끝에 붙인다.

딱딱한 종이 하나를 수직으로 세우고 0~1g의 분동을 넣어가면서 눈금을 만들면 매우 민감한 저울이 된다. 저울의 민감한 정도는 사용한 태엽에 좌우되지만 매우 정확한 측정을 할 수 있는 저울이 된다(그림 6).

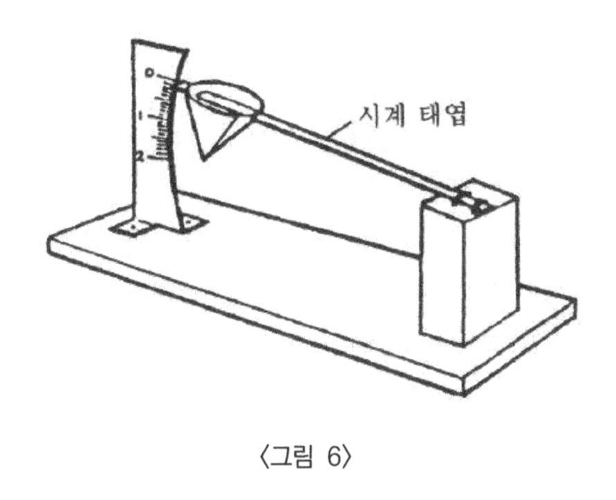

〈그림 6〉

(7) 간이 대저울(100g까지 측정)

딱딱한 종이로 깔때기처럼 만든다. 이것을 삼각형 모양으로 만든 베니어판이나 얇은 판자에 고정시킨다. 저울대는 한 쪽 끝이 5㎝에서 다른 쪽 끝이 2㎝가 되도록 점점 좁게 만든다. 균형을 맞추기 위하여 필요할 경우 저울대나 종이접시를 잘라도 된다.

저울 축은 금속판에 구멍을 뚫어 받치게 되는데 바깥쪽 금속판은 저울대가 밖으로 벗어나는 것을 막아준다. 저울대의 상단에는 U자 모양의 라이더를 올려놓으며 눈금은 반동을 이용하여 저울대에 만든다. 가루로 된 물질은 종이를 원뿔 모양으로 접어서 그 속에 담아 측정하면 좋다(그림 7).

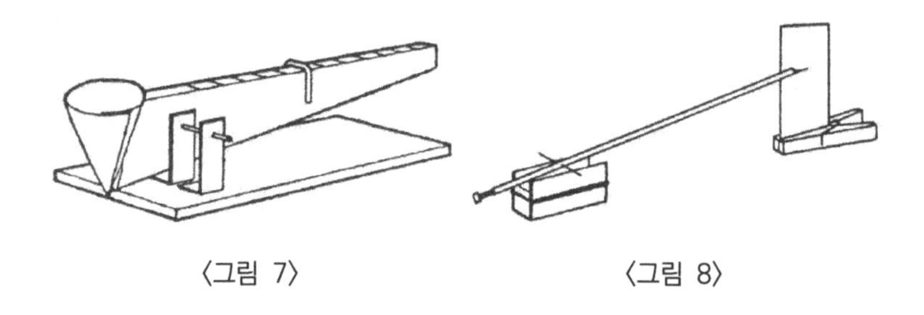

〈그림 7〉 〈그림 8〉

(8) 빨대로 만든 저울

음료수 빨대에 맞는 작은 나사못을 구해서 한쪽 끝에 돌려 넣는다. 적당히 중심을 잡아서 바늘로 빨대를 뚫어 저울 축으로 한다. 이 때 구멍은 빨대 중심에서 약간 위쪽에 뚫는 것이 안정 유지에 좋다.

빨대의 한쪽 끝은 작은 삽 모양으로 잘라 낸다. 현미경 커버 글라스나 두 장의 면도날을 평행으로 세우고 작은 나무토막을 사이에 넣어 고무줄로 감은 뒤 그 위에 그림에서와 같이 올려놓는다.

나사못을 조정하여 빨대 저울이 30°정도 경사지게 한다. 빨대 끝 쪽에 카드를 빨래집게나 압핀으로 세우는데 여기에 눈금을 만든다. 머리카락이나 얇은 종잇조각을 올려놓아도 저울이 움직인다. 질량을 측정하려면 저울의 눈금을 만들어야 한다. 담뱃갑 속에 있는 은박지는 작은 질량을 재기에 좋다. 대략 2㎠의 질량이 5㎎ 정도가 된다. 은박지로 1㎎, 2㎎ 등으로 오려서 핀셋 모양으로 구부려 올려놓는다. 저울대가 가리키는 위치를 카드 위에 표시한다. 이 저울의 민감도는 뒤에 있는 나사못의 위치를 조절하는데 따라 달라진다(그림 8).

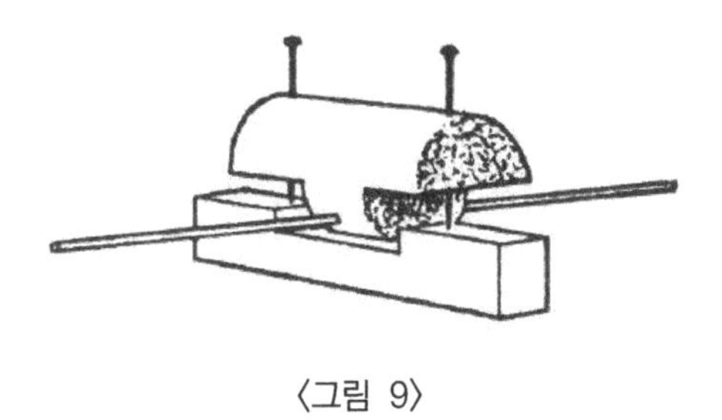

〈그림 9〉

(9) 젠더의 저울

이 간단한 저울은 실험실에서 여러 가지로 쓰인다. 핀, 면도칼, 코르크, 뜨개질바늘로 수분 이내에 만들 수 있다.

뜨개질바늘을 먼저 코르크의 둥근 가장자리와 평행하게 꽂는다. 둥근 코르크의 양쪽 끝을 절반씩 잘라낸다. 받침용 핀으로 코르크를 뚫어 나무토막에 붙여 놓은 유리에 닿도록 한다. 저울의 민감도는 받침용 핀의 조절에 좌우된다(그림 9).

(10) 예민한 저울

이 실험 기구를 만드는데 필요한 준비물은 빨래집게와 30㎝ 길이의 뜨개질바늘, 두 개의 핀이나 바늘, 우유병 같은 병이 필요하다.

저울대는 뜨개질바늘로 만드는데 이것을 빨래집게의 용수철 틈으로 꽂는다. 저울 축은 두 개의 바늘이나 핀을 빨래집게의 양쪽에 꽂아서 만드는데 이 때 같은 높이여야 한다.

빨래집게의 아래쪽에는 저울의 바늘 역할을 하는 연필을 물린다. 저울의 두 계량접시는 깡통뚜껑에 같은 모양의 구멍을 뚫어 실에 꿰어 저울대에 매단다. 일단 저울이 균형을 이루었

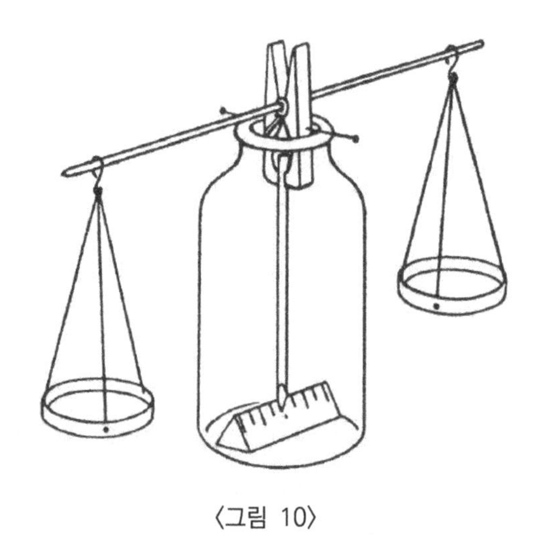

〈그림 10〉

으면 접시를 매단 끈이 저울대에서 미끄러져 나가지 못하도록 줄칼로써 톱니처럼 만든다. 끝으로 눈금이 그려진 작은 자를 병 속에 넣어 저울바늘이 그 앞으로 흔들리게 한다.

분동을 올려놓아 동전, 병마개, 성냥개비 등의 질량을 측정할 수 있다. 분동이 없을 때는 같은 크기의 비커나 병을 양쪽에 놓고 한쪽에는 물체를 놓고 다른 쪽에는 물을 부어 평형을 이루게 한 후 메스실린더와 같이 눈금이 있는 시약병으로 물의 부피를 측정하면 된다(그림 10).

(11) 양팔저울

두께 2㎝, 넓이 20㎠ 정도의 나무판자로 바닥을 만든다. 다음에는 길이 15㎝, 폭 2㎝, 두께 2㎝인 두 개의 나무토막을 바닥의 중심 부근에 2.5㎝ 간격으로 세운다. 이 때 나사못을 이용하거나 바닥에 구멍을 뚫어서 세워도 된다. 세운 나무토막의 윗부분을 면도칼 날이 4㎜ 정도 나올 수 있도록 깊은 틈을 만든다. 면도칼을 틈에 꼭 끼운다.

저울대는 미터자나 비슷한 길이의 나무를 이용하는데 정중앙에 가느다란 못을 박는다. 가느다란 못이 면도날 위에 놓이도록 한다.

저울대를 안정시키기 위하여 지지대 역할을 하는 못은 중앙보다 약간 위쪽에 박아야 한다.

B. 가열 기구

(1) 깡통을 이용한 숯 버너

최소한 직경이 10㎝ 이상인 깡통을 이용한다. 바닥에서부터 4㎝ 높이로 깡통 둘레에 삼각형을 그림과 같이 표시한다. 가위로 삼각형 표시를 차례로 오려서 구멍을 뚫는다. 이 때 바닥선과 평행인 부분은 오려서는 안 되며 오려진 삼각형 부분을 안쪽으로 구부려 숯을 놓을 받침을 만든다(그림 11).

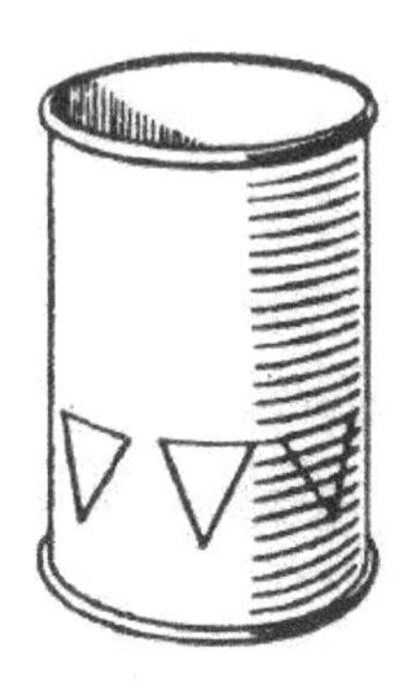
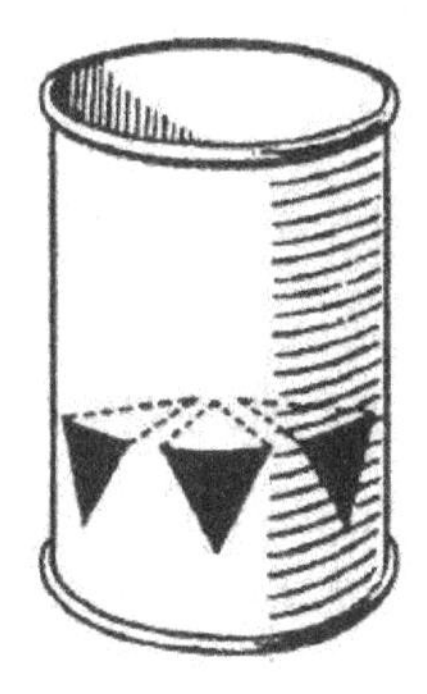

〈그림 11〉

〈그림 12〉

(2) 알코올 버너

사용을 다한 구두약통으로 간단한 버너를 만든다. 위에 금속 대롱을 세우고 다루기 편리하도록 철사를 구부려 손잡이를 단다. 헝겊이나 실로 심지를 만든다(그림 12).

(3) 잉크병을 이용한 알코올램프

마개가 양철로 된 잉크병을 이용한다. 못으로 마개 가운데에 구멍을 뚫는다. 여기에 세모꼴의 줄칼을 넣고 돌려서 직경 이 8~10㎜ 정도가 되도록 한다. 그리고 둥글고 굳은 것으로 둘레를 매끄럽게 다듬는다. 양철 판을 폭 2.5㎝, 길이 4㎝로 잘라낸다. 이것을 잉크병 마개에 뚫은 구멍과 크기가 같게 원형으로 말아서 대롱을 만든다. 이 때 병마개 위로 1cm 정도 나오도록 한다.

병마개와 연결된 부분과 심지의 틈은 납땜으로 붙인다. 심지는 헝겊이나 실로 만드는데 길이가 충분하도록 해 준다. 사용하는 연료는 알코올이다(그림 13).

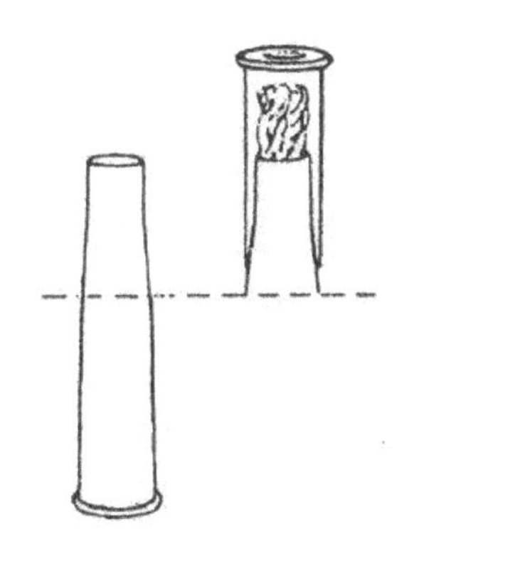

〈그림 13〉

C. 기타 실험 기구

(1) 버니어 모형

길이 1m의 나무판자와 부척이 될 작은 나무판이 필요하다. 길이 7㎝로 판자를 잘라서 긴 나무판의 끝에 붙인다. 긴 판자에 5㎝ 간격으로 눈금을 표시한다. 50㎝의 부척에 45㎝까지를 자로 재어 4.5㎝ 간격으로 눈금을 표시한다. 필요하다면 수직으로 세워 놓을 수도 있다(그림 14).

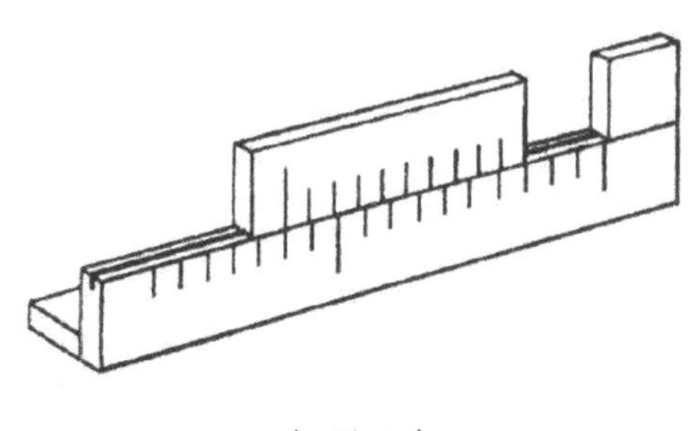

〈그림 14〉

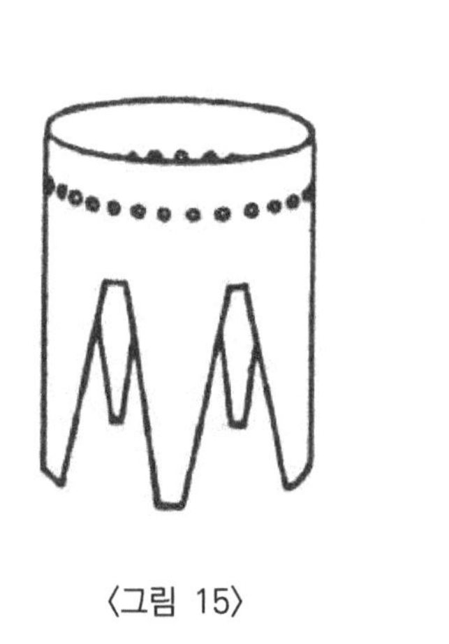

〈그림 15〉

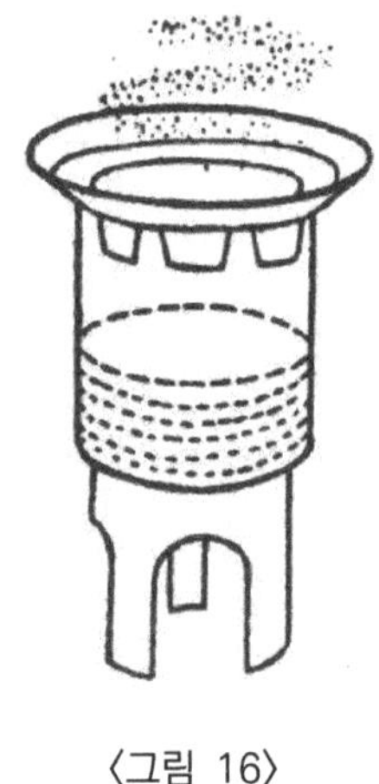

〈그림 16〉

(2) 간이 삼각대

깡통의 옆면을 잘라내어 삼각대를 만들 수 있다. 이것은 규격이 다른 버너에 맞는 스탠드 역할도 한다. 연기가 빠져 나갈 수 있도록 위쪽의 가장자리를 따라서 여러 개의 구멍을 뚫어 놓아야 한다(그림 15).

(3) 증발 접시

받침대와 깡통을 이용하여 증발 접시와 증기통을 만든다. 위 그릇은 증기가 빠져나갈 수 있도록 깡통의 위쪽을 잘라 낸다(그림 16).

(4) 가열 장치

못쓰게 된 기름통을 이용하여 가열 장치를 만들 수 있다. 철사 줄을 시험관 둘레에 매고 비틀어 손잡이를 만든다(그림 17).

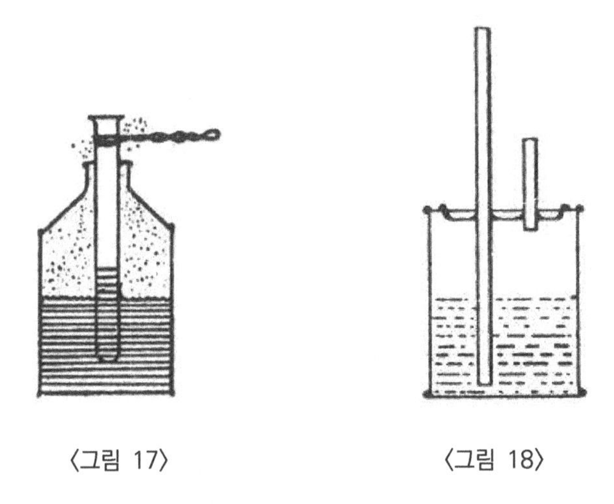

〈그림 17〉 〈그림 18〉

(5) 증기 발생 장치

음료수, 통조림 깡통으로 증기 발생 장치를 만들 수 있다. 뚜껑에 두 개의 구멍을 뚫고 그림에서 보듯이 하나는 길고 다른 하나는 짧은 대롱을 납땜으로 붙인다. 긴 대롱은 안전장치 역할 을 하고 짧은 대롱은(고무관을 연결하여) 실험에 필요한 증기를 공급하게 된다. 깡통이 새거나 녹이 슬면 이 뚜껑을 같은 크기의 다른 깡통에도 사용이 가능하다(그림 18).

(6) 간이 보온병

주둥이가 큰 병 속으로 겨우 들어가는 작은 깡통이 있다. 깡통의 윗부분을 깡통따개로 깨끗이 떼어내면 훌륭한 간이 보온병이 된다.

깡통이 병 속으로 빠질듯하면 고무줄을 감거나 잘라낸 윗부분을 바깥쪽으로 조금씩 구부린다(그림 19).

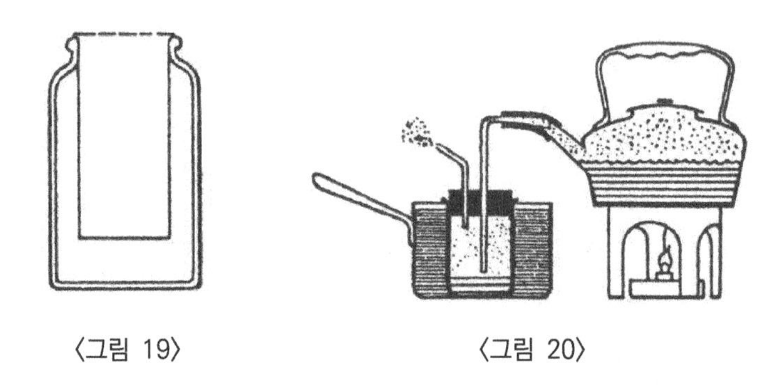

〈그림 19〉 〈그림 20〉

(7) 증류수 만드는 장치

주전자를 계속 끓여 수증기를 공급하고 수증기는 찬물이 담겨 있는 냄비 속의 병으로 들어가서 응결된다. 연결 부분에는 고무관과 접착테이프나 찰흙을 이용할 수 있다(그림 20).

(8) 공기 솥

커다란 깡통으로 공기 솥을 만들 수 있다. 위에 있는 구멍에 온도계를 꽂은 마개를 막고 접시는 깡통 속에 있는 철망 위에 놓는다(그림 21).

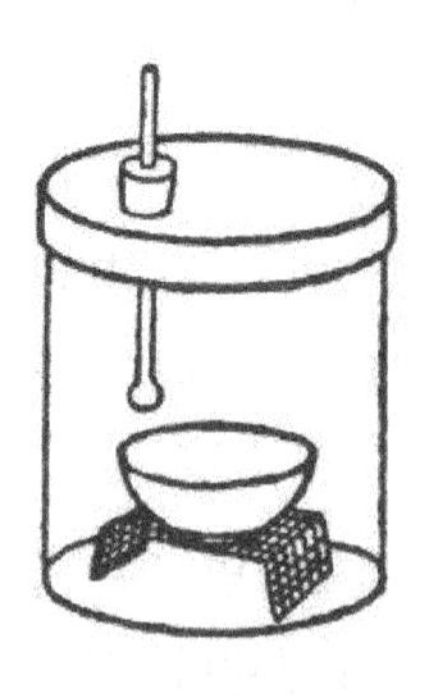

〈그림 21〉

(9) 리비히 냉각기(철제)

수도관이나 전기용으로 사용한 파이프를 이용하여 유리보다 더 튼튼한 철제 냉각기를 만들 수 있다. 속에 있는 파이프와 겉에 있는 파이프는 고무마개 같은 것으로 고정되어야 한다(그림 22).

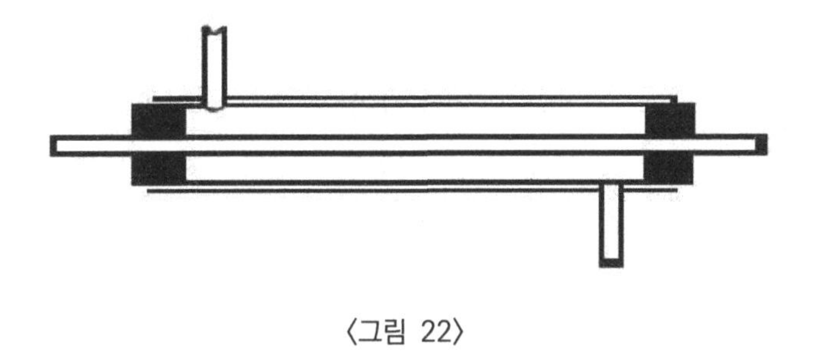

〈그림 22〉

(10) 거름 장치

화분 바닥에 헝겊을 깔고 그 위에 10cm 정도의 두께로 모래를 깔면 여러 목적의 거름 장치로 이용 가능하다(그림 23).

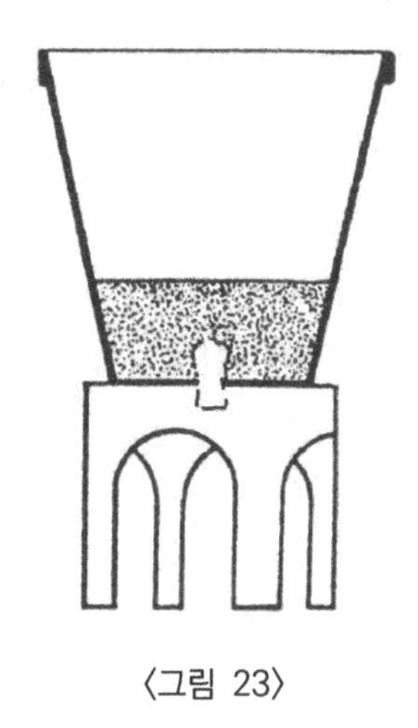

〈그림 23〉

(11) 거름 펌프 장치

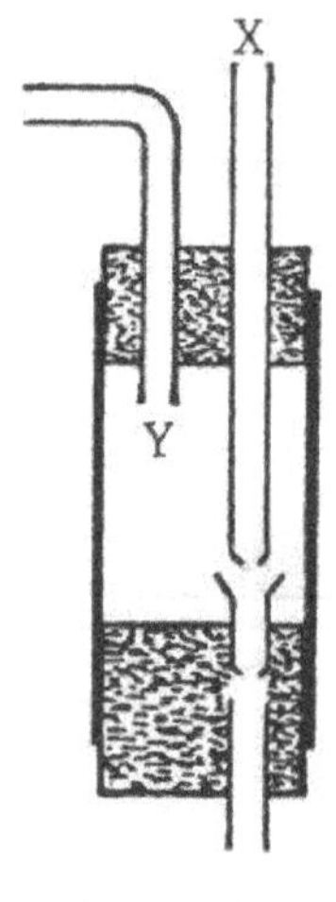

〈그림 24〉

종래의 유리로 된 거름 펌프 장치를 만들려면 어느 정도의 기술이 필요하지만 유리관과 코르크로 간단히 만들 수 있다.

펌프의 작동은 물이 좁은 관을 따라 아래로 분사될 때 공기를 받아들여 통(Y) 속의 기압을 감소시키는 데 그 원리가 있다. 분사에 가장 적합한 크기는 여러 번의 시행착오로 알게 되겠지만 처음에는 1㎜, 다음에는 2㎜의 직경으로 시작하여 해보면 좋은 결과를 얻을 것이다(그림 24).

(12) 개인용 실험 장치

대부분의 기초 화학 실험에서는 비커, 시험관 등의 기본 실험 기구가 필요하다. 다음에 설명하는 실험 기구들도 자주 사용되는 것들이다. 150㏄의 목이 둥근 플라스크는 비커나 플라스크 또는 증기 발생 장치로 사용된다. 줄로 감겨져 있는 유리관은 연소 용관으로 사용될 수 있으면 경질 유리보다 잘 깨지지 않는다. 표본관은 작은 기체 병을 사용할 수 있다. 필수적은 아니지만 작은 시험관 꽂이는 매우 유용하다. 나무 받침이 필요한 커다란 시험관은 여러 실험에서 집기병으로 이 용된다. 수돗물을 사용할 수 없을 때 큰 물통(500㏄)과 증류 장치가 있으면 된다(그림 25).

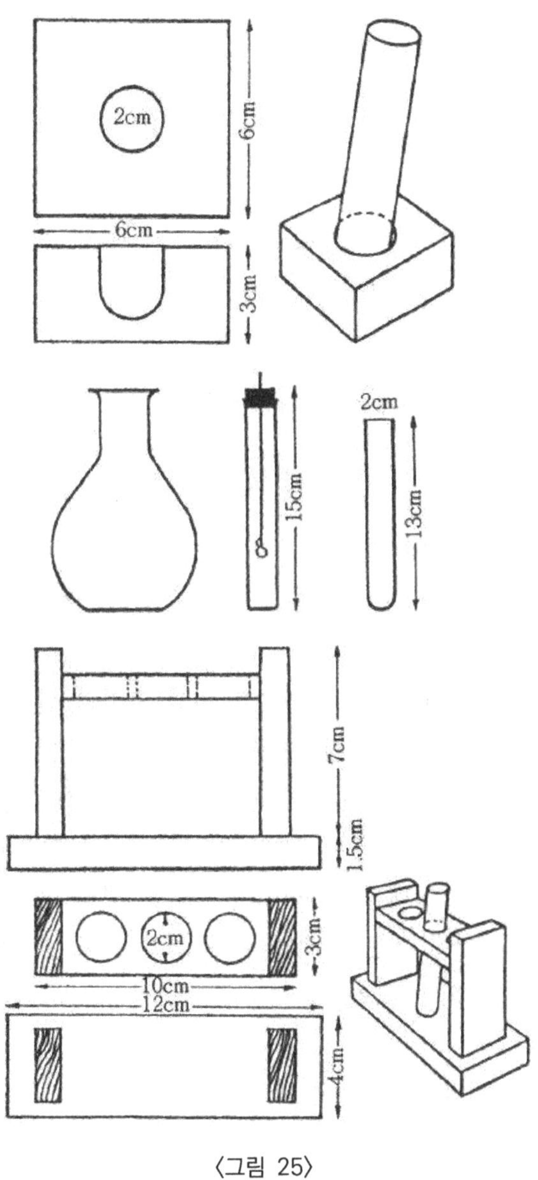

〈그림 25〉

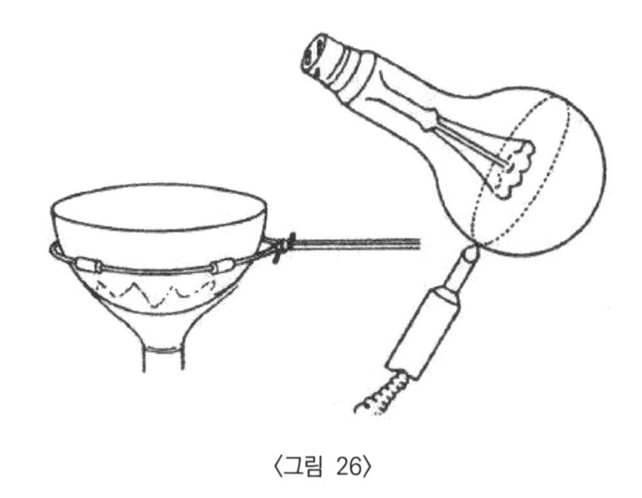

〈그림 26〉

(13) 전구를 이용한 그릇

못쓰게 된 전구는 플라스크, 비커, 시험관과 같은 실험 기구를 대신할 수 있다. 경우에 따라서 열에도 강하고 취급도 용이한 점도 있다는 것을 알아야 한다. 어떤 크기의 전구도 이용이 가능하며 크기가 다양할수록 이용 범위도 넓어진다.

전구를 다룰 때는 수건이나 천으로 싸서 잡아야 한다. 전구를 깨지 않도록 주의해가며 날카로운 끝으로 전구의 끝에 구멍을 낸다. 수차례 실패를 할 것이며 동작을 빨리 해야 한다. 필라멘트를 지지하고 있는 유리와 내부 물질은 모두 제거하면 사용이 가능하게 되는 것이다.

(14) 전구를 이용하여 만든 유리접시

전구의 둥근 부분은 유리접시를 이용할 수가 있다. 이 때 납땜인두를 써서 전구를 잘라낸다. 전구를 옆으로 놓고 줄칼로

선을 긋는다. 납땜인두의 끝을 전구를 자르려는 높이에 스탠드를 이용하여 세운다. 두 손으로 전구를 잡고 수평으로 유지하면서 선을 그은 자리에 댄다.

깨지기 시작한 곳에는 금이 갔는데도 전구가 아직 잘라지지 않았으면 전구를 조금씩 돌린다. 잘린 자리가 날카롭게 남아 있으면 가스 불꽃으로 가열하여 매끄럽게 한다.

이렇게 만든 접시를 사용할 때 받침 장치로는 철사와 닿는 곳에 금이 가지 않도록 석면을 끼운 쇠고리가 적당하다. 전구의 남은 부분은 볼트미터(전압계)를 만드는데 이용이 가능하다(그림 26).

(15) 계량병

여러 가지 크기의 유리병을 준비한다. 작은 병은 계량병으로 만들기에 좋다. 바닥에서부터 1㎝ 간격으로 종이테이프를 위로 붙여간다. 다음에는 메스실린더를 이용하여 가장 위의 눈금까지 물을 부어가며 양을 측정한다. 이 때 종이테이프 위에 그 양에 따라 50㏄, 100㏄ 등의 숫자를 써 넣는다. 만일, 병이 일정한 직경이라면 눈금을 바닥에서부터 일정한 간격으로 더 나누어도 좋다. 예를 들면 50㏄의 물을 부었다면 병의 높이를 다섯 등분하여 첫 눈금을 10㏄, 다음은 20㏄, …… 이렇게 차례로 표시해 간다. 각각의 큰 눈금도 이런 방법으로 하여 작은 눈금을 실제의 메스실린더와 물을 부어 가며 비교해 본다. 어떤 눈금은 쉽게 떨어져 나갈지 모른다. 이러한 비교가 끝나면 눈금 위에 투명 테이프를 붙인다.

(16) 시험관 집게

철사 같은 것을 구부려서 그림에서 보는 것과 같은 시험관 집게를 만들 수 있다. 이때 철사는 탄성력이 강한 것이어야 성능이 우수해진다(그림 27).

〈그림 27〉

(17) 실험용 핀셋

탄력이 있는 포장용 철사 줄을 이용하여 실험용 핀셋을 만들 수 있다.

그림에서 보이는 것은 길이가 12㎝ 정도인 핀셋이다. 위의 것은 두 조각을 오려 붙이고 적당히 구부려서 만든 것이며 아래 것은 길이가 26㎝ 정도 되는 하나의 조각을 구부려서 만든 것이다. 둥근 부분은 알맞은 구경의 대롱에 감아서 만들고 다른 부분은 적당히 오리고 구부려서 만든다(그림 28).

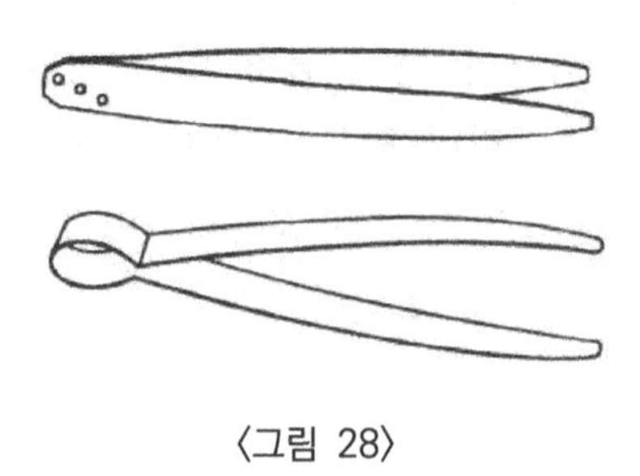

〈그림 28〉

(18) 철사고리와 스탠드

많이 사용하는 스탠드를 커튼 걸이와 전구 걸이 고리를 이용하여 만들 수 있다. 커튼 걸이는 보통 그림에서 보는 것과 같은 모양이다.

커튼 걸이를 못이나 나사못을 사용하여 알맞은 크기의 나무판에 고정시킨다. 삼각형의 버팀대를 뒤에 대고 바닥에 고정시키면 훨씬 튼튼하다.

철사를 둥근 고리 모양으로 잘 구부려 커튼 걸이에 끼운다. 이 때 철사의 탄성이 어느 정도 강해야 스탠드로 작용하게 된다. 고리의 모양과 크기를 다양하게 하여 스탠드에 고정시킨다 (그림 29).

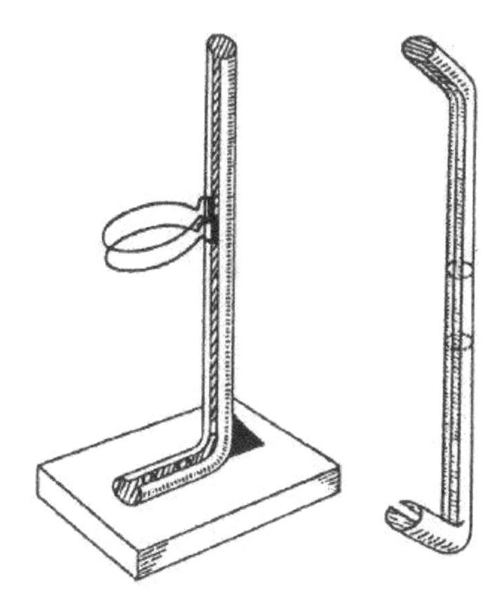

〈그림 29〉

(19) 나무 스탠드

길이 40㎝, 폭 15㎝, 두께 1㎝인 나무판자로 스탠드 바닥을 만든다. 중앙에 1㎝ 직경의 구멍을 뚫는다. 여기에 직경 1㎝, 길이 45㎝ 정도의 막대를 만들어 세운다. 이때 막대는 꼭 끼어야 좋다.

(20) 스탠드용 지지 장치

앞에서 만든 스탠드에 지지 장치를 길이 18㎝, 폭 4㎝, 두께 1㎝인 나무판자와 네 개의 빨래집게를 이용하여 만든다. 빨래집게를 그림에서와 같이 물린다. 가장자리에 있는 빨래집게는 시험관과 같은 기구를 세워 주고 다른 나머지도 여러 가지의 역할을 할 수 있다(그림 30).

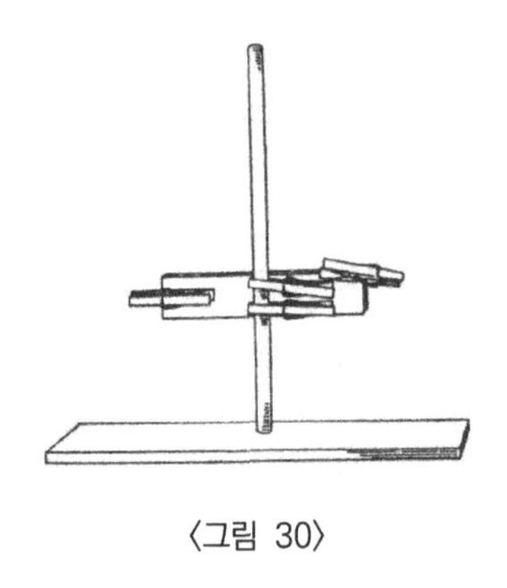

〈그림 30〉

(21) 양철 그릇

이것은 여러 가지 화학 실험 때에 많이 이용될 수 있다. 병뚜껑 둘레에 철사를 감는다. 철사 끝은 나무토막에 박혀 있는데 이것은 목제 스탠드의 왼쪽에 있는 집게에 맞게 되어 있다(그림 31).

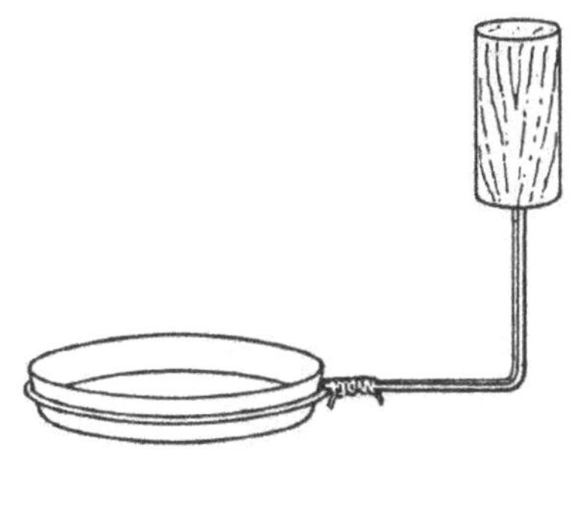

〈그림 31〉

(22) 자동 기체 발생기

이 장치는 일종의 작은 "킵(Kipps)"장치이다. 고체 약품이(아연, 대리석, 황화철 등) 큰 시험관에 담겨 있으며 염산이 밖에 있는 병 속에 들어 있다. 시험관의 바닥은 취관으로 여러 개의 구멍이 뚫어져 있다. 시험관에 고체 약품을 넣고 세로로 세운다. 고무관 중간에 핀치 목을 끼운 뒤 유리관과 시험관을 연결한다. 배출구는 클립이나 손으로 쉽게 막을 수 있다(그림 32).

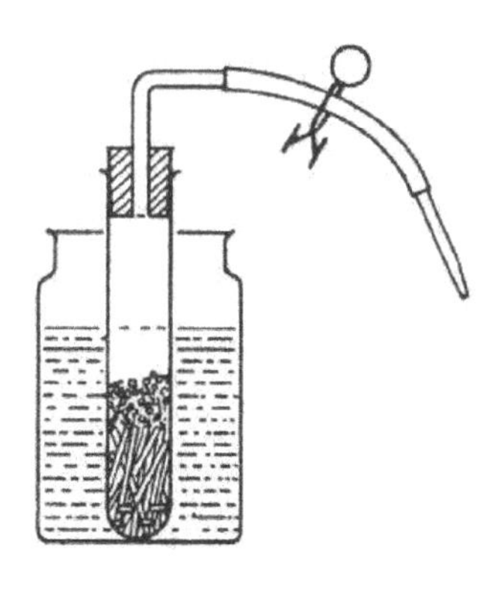

〈그림 32〉

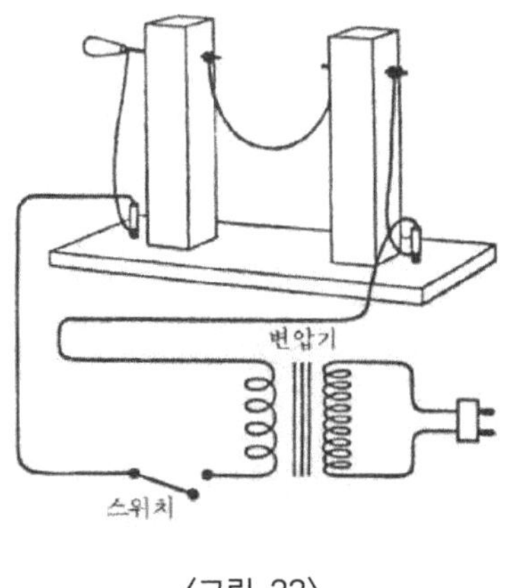

〈그림 33〉

(23) 유리병을 자르는 전기 장치

여러 가지 실험 기구를 병이나 플라스크, 전구 등의 유리 기구를 이용하여 만들 수 있다. 이때에 목적에 맞게 유리 기구를 자르는 장치가 필요하게 된다. 유리 기구를 자른 뒤에는 줄칼이나 불꽃으로 자른 면을 매끄럽게 해주어야 한다.

규격이 20×7×4.5㎝인 두 개의 나무토막을 적당한 크기의 나무판자에 세운다.

나무토막의 위에서 2㎝ 위치에 직경 5㎜ 정도의 구멍을 뚫는다. 한쪽에는 나사못을 끼우고 다른 쪽에는 손잡이를 단다. 니크롬선에 전원 장치(12V 변압기, 220-12V 또는 110-12V)가 양쪽 끝에 연결된다. 전체적인 장치는 그림과 같다(그림 33).

제2장
간단한 기계의 원리를 알아보는 실험

A. 지레, 축바퀴, 활차

(1) 간이 지레

두께가 2㎝이고 한 변의 길이가 15㎝인 정사각형의 나무판자로 바닥을 만든다. 그 가운데에 두께가 3㎝이고 두 변의 길이가 4㎝인 나무토막을 고정시킨다. 또 이 나무토막의 양쪽 면에 길이 15㎝, 폭 3.5㎝, 두께 1㎝인 나무토막을 세우고 고정시킨다. 이때에 고정시키기 위해서는 나사못을 사용한다. 양쪽에 세운 나무토막의 끝을 날이 좁은 톱으로 좁은 틈을 낸다. 이 틈은 깊이가 2㎝ 정도로, 사용하려는 면도날 끝이 2~3㎜ 위로 나올 수 있어야 한다.

지렛대로는 길이 1m, 폭 4㎝, 두께 5㎜의 막대를 사용한다. 지렛대를 칼날 위에 놓아서 정확한 중앙이 되도록 한다. 가는 못을 지렛대의 중심에 박는다. 못은 두 면도날 위에 올려놓을 만큼 길어서 지렛대가 자유로이 흔들릴 수 있어야 한다.

지렛대를 면도날 위에 올려놓고 중심이 완전히 맞지 않으면 무거운 쪽 끝을 칼이나 톱으로 조금 잘라낸다.

중앙 축에서부터 매 ㎝ 거리에 차례로 1, 2, 3의 눈금을 매긴다. 먼저 축에서부터 20㎝ 양쪽 위치에 10g씩 달아본다. 균형이 이루어지는 위치가 어디인가 조사한다. 축에서 먼 곳부터 안쪽으로 차례로 해 본다.

위의 방법으로 100g의 추로 해 본다. 한쪽에는 두 배 무게

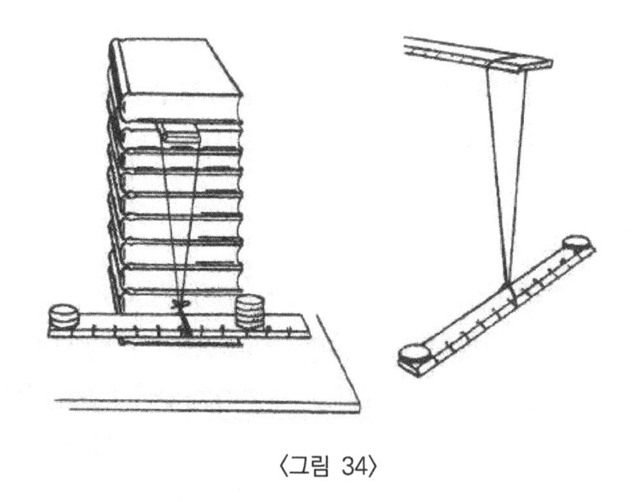

〈그림 34〉

의 추를 달고서 균형이 되는 지점을 찾아보자. 여기서 평형을 이루는 조건을 알아낼 수 있겠는가? 한쪽 추의 무게와 거리를 곱하여 이것을 다른 쪽 추의 무게와 거리를 곱한 값과 비교해 보자.

(2) 간이 저울

그림에서와 같이 자를 책상 위에서 약간의 높이에 끈으로 매단다. 자가 균형을 이루었을 때 동전을 양쪽에 올려놓아 다시 균형이 되도록 해 보자. 몇 개의 동전을 축의 여러 위치에 놓아 보면서 능률(moment)의 원리를 찾아보자. 예를 들면 두 개의 동전을 자의 한쪽 끝에 놓고 네 개의 동전은 다른 쪽 중간에 놓아 보자(그림 34).

(3) 간이 대저울

무게를 달 수 있는 대저울은 축이 한쪽으로 치우친 지레와

〈그림 35〉

같은 원리이다. 이런 종류의 저울 원리를 알아보기 위하여 8~10개의 동전을 축의 가까이에 놓고 앞의 (2)항에서 사용한 저울로 실험해 보자. 다른 쪽에 동전 한 개를 이곳저곳으로 옮겨가며 균형이 되는 지점을 찾아보자.

(4) 제1종 지레

막대기를 교실용 책상 높이만큼의 길이로 자른다. 또는 같은 길이의 막대를 준비한다. 막대 하나를 책상 가장자리 가까이에 세우고 다른 하나로 책상을 드는 지레로 사용한다.

무거운 물체를 지레로 들어 올릴 때 짧은 것보다 긴 지레의 끝은 더 먼 거리를 움직여야 되는 것을 알아두자. 에너지의 이득은 없으나 긴 지레보다 짧은 지레로 들어 올릴 때가 훨씬 많은 힘이 필요하다(그림 35).

(5) 제2종 지레

길이가 1m, 폭 4㎝이고 두께가 5㎜인 나무막대를 사용한다. 한쪽 끝에서 가까운 곳에 막대의 중간 폭에 구멍을 뚫는다. 또 (1)항의 실험에서 사용한 세우는 막대에도 높이 12㎝에 구멍을 뚫는다. 구멍에 못을 끼워 그림과 같은 실험 기구에 완성시킨다. 추를 달고 한쪽 끝은 용수철저울을 달아 들어 올리도록 한다(그림 36).

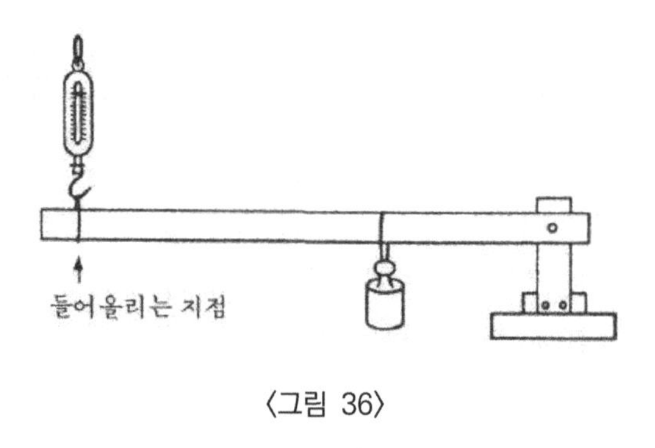

〈그림 36〉

(6) 제3종 지레

앞의 기구를 이용하여 간이 지레를 만든다. 이 때 추와 저울의 위치를 서로 바꾸어야 한다(그림 37).

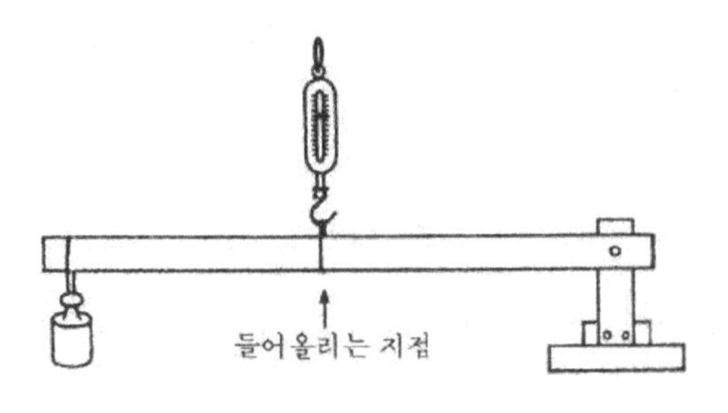

〈그림 37〉

(7) 간이 축바퀴

연필깎이의 뚜껑을 벗겨내어 축의 끝에 실을 맨다. 실 끝에 수 ㎏의 물체를 매단 뒤 손잡이를 돌려 보자. 그냥 드는 것보다 이렇게 하는 것이 들어올리기에 힘이 적게 든다는 것을 알 수 있다(그림 38).

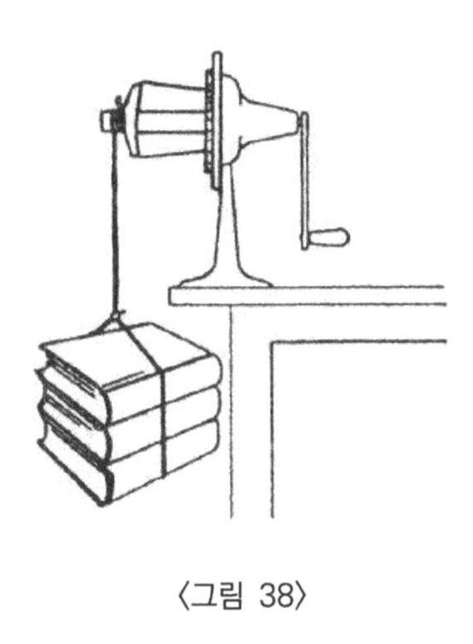

〈그림 38〉

(8) 다른 형태의 축바퀴

딱딱한 이중 판지에 컴퍼스로 직경 15㎝, 10㎝과 5㎝의 원을 그린다. 원에 따라 오려내고 못을 사용하여 가운데에 구멍을 뚫고 중심을 일치시켜서 서로 붙인다. 그림과 같이 장치를 완성시킨다. 각 바퀴의 가장자리 가운데를 조금씩 눌러서 홈을 낸다. 각각의 축바퀴에 핀을 꽂고 실을 감는다. 실의 한 쪽 끝은 물체를 매달 수 있도록 늘어뜨린다. 빨래집게와 같이 가벼운 물체를 매달아서 실험하면 지레를 사용했을 때처럼 무거운 물체도 쉽게 올릴 수 있다는 사실을 알아낼 수 있다. 축바퀴는 지레의 원리와 같다(그림 39).

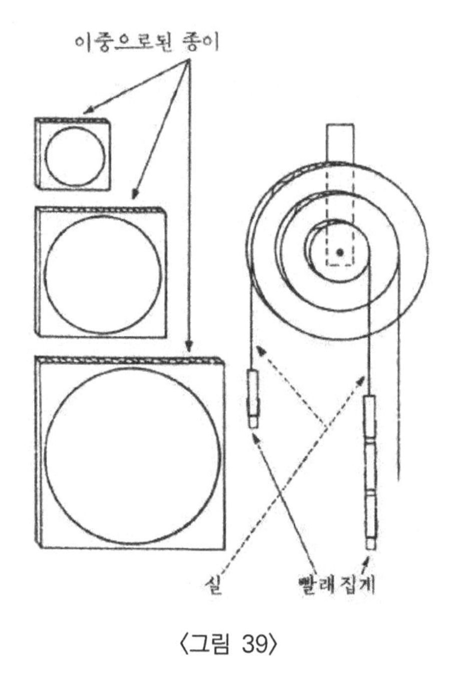

〈그림 39〉

(9) 간이 도르래 만들기

간이 도르래를 철사 옷걸이와 실패를 이용하여 쉽게 만들 수 있다. 철사 옷걸이를 고리에서 20㎝ 길이로 양쪽을 자른다. 끝을 구부려 실패에 건다. 실패가 잘 돌아가도록 철사를 알맞게 구부린다(그림 40).

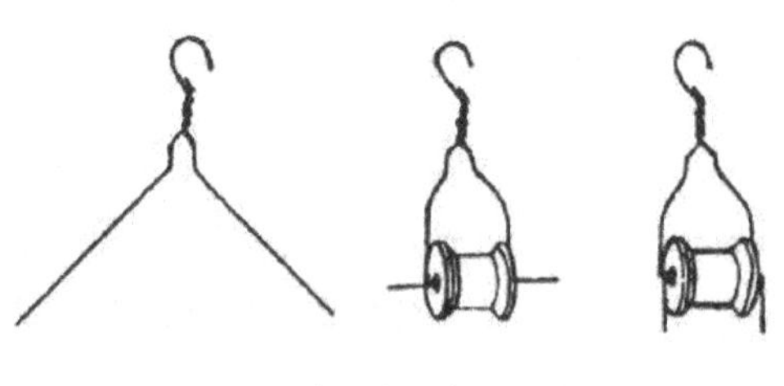

〈그림 40〉

(10) 고정 도르래

아래 그림과 같이 하나의 고정 도르래를 장치한다. 여러 가지 추를 사용하여 25g, 50g, 75g, 100g 및 200g을 들어 올릴 때 얼마의 힘이 필요한지 조사해 보자. 추를 20㎝ 들어 올릴 때 힘을 가하여 이동한 자리는 얼마인가 측정해 보자(그림 41).

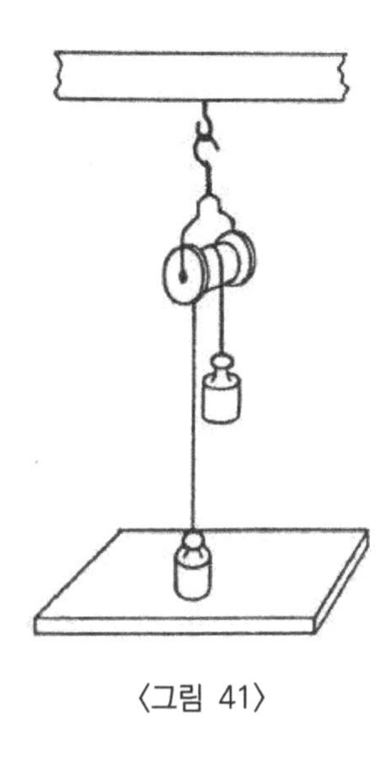

〈그림 41〉

(11) 움직도르래

두 개의 도르래를 실에 매달아 수평 지지대에 연결하고 다음 그림과 같이 물체를 매단다. 실험대 위에 적절한 지지대가 없으면 나무 막대를 두 의자에 걸쳐놓고 사용하면 된다. 실의 끝에 용수철저울을 연결하고 이러한 도르래 장치로 들어 올리는 무게와 이 때 필요한 힘의 크기를 측정해 보자. 물체가 움직이는 거리와 용수철저울을 맨 실 끝이 움직이는 거리도 측정해 보자(그림 42).

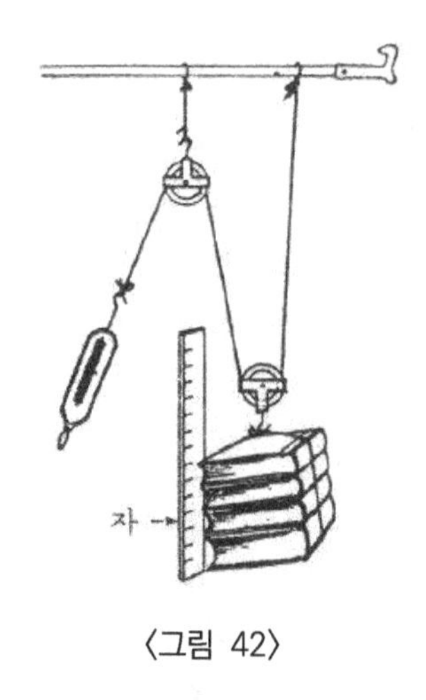

〈그림 42〉

(12) 활차

두 사람에 각각 빗자루 같은 둥근 막대를 들고 한 발짝 떨어져 선다. 한쪽에 튼튼한 끈으로 묶고 두 막대를 그림과 같이 교차하여 감는다. 그리고 힘이 약한 또 다른 사람이 실 끝을 당기도록 한다. 그러면 두 사람이 힘을 주어도 쉽게 두 막대를 가깝게 할 수 있을 것이다(그림 43).

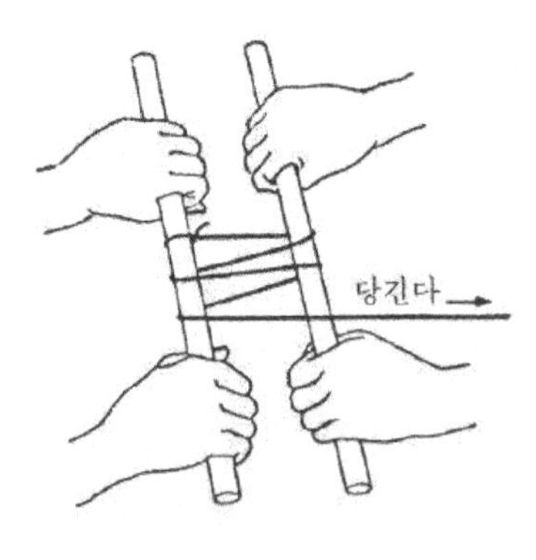

〈그림 43〉

B. 빗면, 나사와 쐐기

(1) 간단한 빗면 장치

장난감 자동차나 롤러스케이트를 용수철저울에 연결하여 빗면에서 끌어 올려 보자. 이 때 필요한 힘을 측정하여 수직으로 들어 올릴 때와 비교하여 보자. 또한 빗면을 이용하여 이동하는 거리는 같은 높이를 그대로 수직 이동하는 거리보다 길다는 것도 알아보자. 마찰을 무시하면 두 경우에 한 일은 같아진다. 다른 경우의 장치에서도 마찬가지가 됨을 알아보자(그림 44).

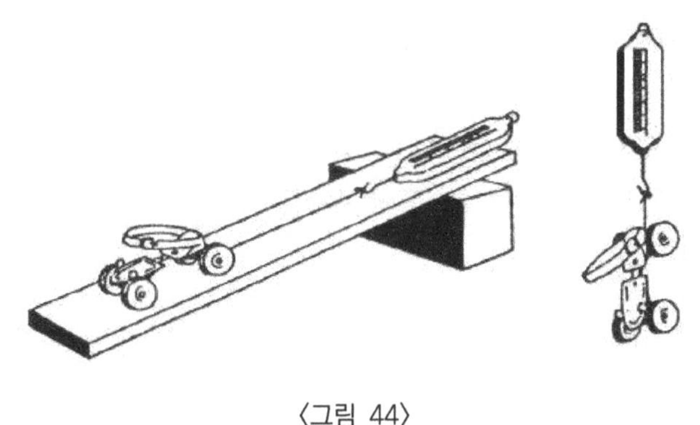

〈그림 44〉

(2) 나사못과 빗면의 관계

종이에 직각 삼각형을 그린 뒤 잘라낸다. 이 때 삼각형의 밑변은 30㎝, 높이는 15㎝ 정도로 한다. 길이가 20㎝ 정도 되는 둥근 막대기에다 잘라낸 직각 삼각형의 종이를 감는다. 이 때 높이가 있는 곳부터 감고 밑면을 일치시키며 감는다. 삼각형의 빗변이 이루는 나사 모양을 볼 수 있게 된다(그림 45).

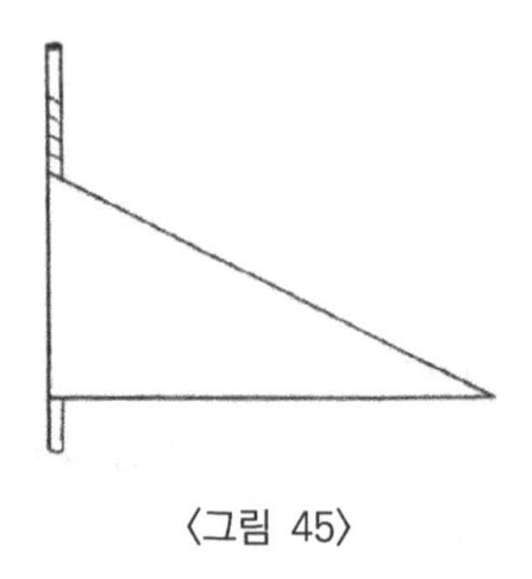

〈그림 45〉

(3) 간이 잭 장치

볼트를 끼울 수 있도록 나무토막에 구멍을 뚫는다. 볼트를 완전히 끼운 후 그 위에 또 하나의 나무토막을 못으로 박는다. 뒤집어서 너트를 끼우고 와셔를 놓고 쇠 파이프 토막도 끼운다. 파이프의 직경은 볼트에 헐겁도록 커야 한다. 너트를 렌치로 돌리면 무거운 물체를 들어 올리는 잭과 같은 장치가 된다(그림 46).

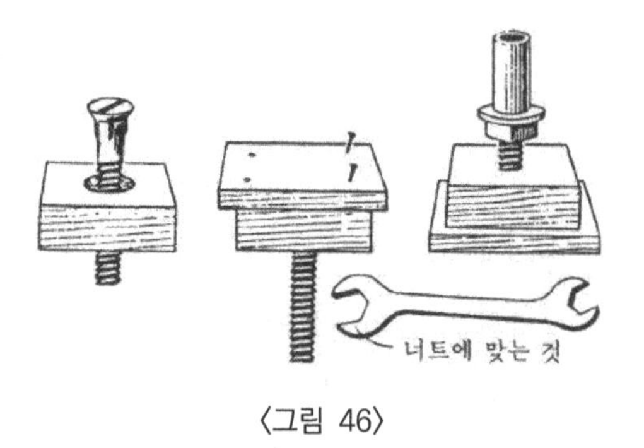

〈그림 46〉

(4) 쐐기

나무토막으로 쐐기를 만들어 책상다리 아래나 무거운 물체의 밑에 넣고 두드려 보자. 쐐기는 이중 빗면이라는 사실을 알 수 있는가?

C. 속력을 증가시키는 기계 장치

(1) 작은 실패와 큰 실패를 사용한 경우

나무판자에 못으로 축을 삼아 큰 실패와 작은 실패를 고정시킨다. 양쪽을 고무줄로 벨트처럼 연결한다. 큰 실패를 한번 회전시켜서 작은 실패가 더 많이 돌아가는지 더 조금 돌아가는지 살펴보자. 벨트로 연결하여 작동시키는 기계 장치들을 예를 들어 보자(그림 47).

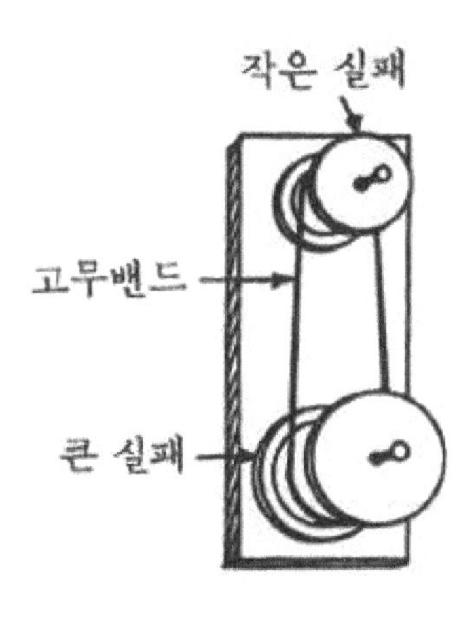

〈그림 47〉

(2) 자전거 바퀴의 경우

자전거를 뒤집어 놓는다. 페달을 한 바퀴 돌려서 바퀴가 돌아가는 회전수를 조사해 보자.

(3) 교반기

기어의 장치를 이용하여 회전수를 증가시키는 교반기를 조사해 보자.

(4) 지레의 원리를 이용한 것

지렛대의 긴 쪽이 더 먼 거리를 더 빨리 움직일 때 지레의 움직임을 관찰하자. 야구 방망이 등도 이런 원리임을 알아보자. 속력을 증가시키는 장치들의 예를 조사해 보자.

(5) 도르래를 이용한 것

움직도르래에서 끈이 움직이는 속력과 물체를 들어 올리는 속력을 조사해 보자.

(6) 축바퀴를 이용한 것

축바퀴의 경우에도 크랭크의 회전과 물체를 들어 올리는 속력을 비교해 보자.

D. 힘의 방향을 바꾸는 기계 장치

(1) 엘리베이터 모형

모형 엘리베이터를 몇 가지 간단한 장치로 만들 수 있다. 즉 회전 통이나 양철 깡통으로 만든다.

커다란 못을 깡통의 뚜껑과 바닥을 통과하도록 하여 가운데에 구멍을 뚫는다. 두 개의 깡통을 나무판자에 고정시키고 회전이 잘 되도록 한다.

엘리베이터는 작은 종이갑이나 나무 상자로 만든다. 상자의 양 끝에 실을 매고 그림과 같이 깡통에 감는다. 찰흙 같은 것을 다른 끝에 매달아 상자와 균형이 되도록 한다. 깡통을 돌려서 모형 엘리베이터를 동작시킨다. 모형은 실제 엘리베이터와

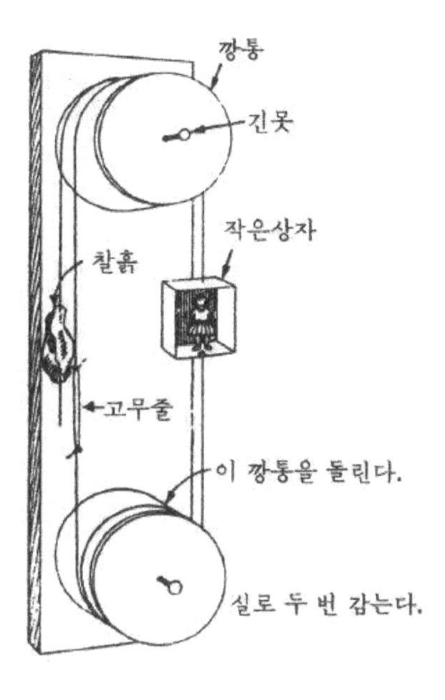

〈그림 48〉

같은 원리이며 다만 실제는 전기 모터로 동작시키는 것이 다를 뿐이다(그림 48).

(2) 간이 기어

여러 크기의 병마개의 한 가운데에 못으로 구멍을 뚫는다. 병마개가 잘 돌아가도록 한다. 두 개의 병마개를 나무판자에 고정시키고 톱니가 잘 맞도록 하자. 작은 못을 박고 병마개는 잘 돌아가도록 한다. 한쪽 병마개를 돌려서 다른 것이 돌아가는 방향을 조사하자.

또 다른 병마개를 연결하여 돌아가는 방향을 알아보자(그림 49).

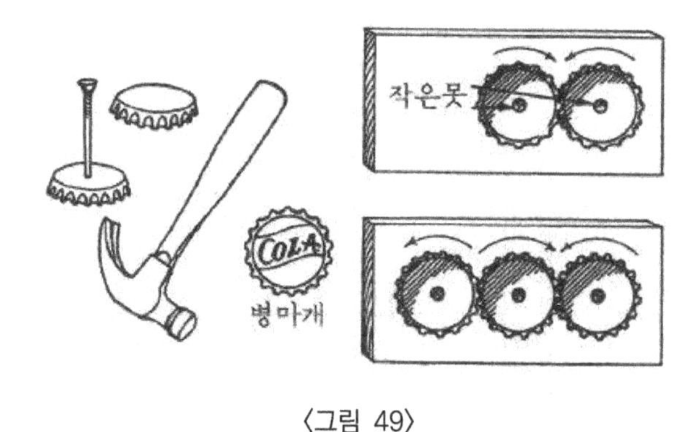

〈그림 49〉

(3) 벨트를 교차시킨 것

앞에서 사용했던 실패에 벨트를 교차시켜서 연결하고 돌려보자. 이 때 돌아가는 방향이 반대 방향이 됨을 알 수 있다.

E. 마찰을 줄이는 장치

(1) 연필을 이용한 실험

둥근 연필을 무거운 상자 밑에 놓는다. 상자에 끈을 연결하고 끄는데 필요한 힘을 측정한다. 연필이 없을 때 끌기 위해서 필요한 힘을 측정한다. 결과를 정리해 보자.

(2) 바퀴를 사용한 경우

위의 실험을 롤러스케이트 같은 바퀴를 사용해서 해 보자. 바퀴를 사용한 경우에 더 힘이 감소되는 현상을 조사해 보자.

(3) 미끄럼마찰

롤러스케이트의 바퀴를 고무줄로 움직이지 못하도록 묶는다. 이것을 경사진 나무판에 놓고 고무의 마찰이 어떻게 미끄러지는 것을 방해하는지 조사해 보자.

(4) 마찰이 생기는 곳

마찰이 생기는 곳에 여러 가지 기계 장치가 아용되는 것을 조사해 보자. 롤러스케이트, 도르래나 바퀴에 기름이 필요하다. 베어링이 사용되는 곳에도 기름이 필요하다. 기름을 친 경우와 치지 않은 경우에 마찰의 세기를 알아보자.

(5) 기름으로 마찰을 줄이기

두 장의 유리를 준비하고 한쪽 면에 기름을 몇 방울 떨어뜨린다. 기름을 치기 전에 손으로 밀 때와 기름을 친 뒤에 밀어서 그 차이를 조사해 보자.

(6) 거친 면의 마찰

두 장의 샌드페이퍼(사포)를 준비한다. 서로 문질러 보아 마찰시켜 보자. 그리스를 한 쪽에 칠하고 다시 마찰시켜 보자. 마찰력이 많이 감소됨을 알 수 있을 것이다. 이런 원리로 그리스를 마찰 면에 칠하는 경우를 생각해 보자.

(7) 볼 베어링에 의한 마찰 감소

두 개의 깡통을 준비한다. 볼 베어링 역할을 할 구슬을 한쪽 위에 놓자. 깡통 위에 책 같은 물체를 올려놓고 돌리면서 구슬이 어떻게 움직이는지 관찰해 보자. 기름을 치면 더 잘 움직이게 된다.

(8) 실제의 볼 베어링

실제의 볼 베어링과 둥근 베어링을 준비해 보자. 이러한 베어링이 사용되는 곳도 조사해 보자. 바닥에 놓고 그 위에 깡통을 올려놓아 얼마나 쉽게 움직이는가도 알아보자.

(9) 공기에 의한 마찰 감소

딱딱한 종이를 직경 10㎝로 둥글게 잘라낸다. 철사를 불에 달구어 중앙에 구멍을 뚫는다. 실패를 반으로 잘라서 〈그림 50〉과 같이 잘라낸 종이 위에 붙인다. 직경이 작은 대나무나 다른 대롱을 그 속에 꼭 끼도록 장치한다. 고무풍선을 그 위에 끼우고 잘 묶는다. 거꾸로 하여 고무풍선을 입으로 불고 이것을 책상 위에 놓아 보자. 바람이 아래로 빠지면서 공기층이 생겨서 마찰이 거의 없는 장치가 된다. 이러한 원리로 공기 부양선이 만들어진다.

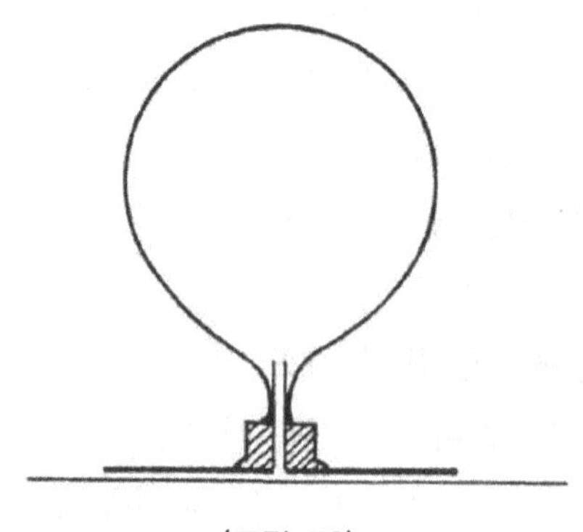

〈그림 50〉

제3장
자석 실험

(1) 천연 자석

자철광은 세계 여러 지역에 분포하고 있다. 그래서 값싸게 구할 수 있을 것이다. 이러한 자철광 조각은 천연 자석인 것이다. 흰 종이 위에 작은 못이나 쇳가루를 뿌린 뒤 자철광을 가까이 해 보자. 조금 더 무거운 쇠붙이도 들어 올릴 수 있는지 실험해 보자. 나침반에 가까이 가져가 보자. 자철광의 모든 부분이 같은 자기력을 나타내는가?

(2) 인공 자석

자석 실험에 필요한 강한 자석을 낡은 라디오 스피커나 전축 리시버 등에서 구할 수 있다. 아니면 과학 용품점에서 구입해도 좋다. 이러한 자석들은 말굽자석, 막대자석, 원형 자석 등 그 형태도 다양하다.

(3) 자기력의 세기

종이 위에 쇳가루를 고르게 뿌린다. 그 위에 막대자석을 굴린 다음 자석을 관찰해 보자. 자석의 끝부분에 쇳가루가 많이 붙어 있어서 이곳이 자기력이 세다는 것을 쉽게 알 수 있다.

이번에는 모양이 다른 자석으로 극이 어느 쪽에 있는지 실험해 보자.

다음에는 책상 위에 막대자석을 움직이지 못하게 고정해 놓고 용수철저울의 끝에 철사 고리를 달아서 가까이 해 보자. 자석의 이곳저곳에 철사 고리를 붙인 다음 떨어질 때의 저울 눈금을 읽어서 기록한다. 여러 번 측정하여 위치에 따른 그래프를 그린다. 양 끝의 자기력이 가장 강하다는 것을 알 수 있는가? (그림 51)

〈그림 51〉

(4) 자기력은 공기 중에서도 작용할까?

막대자석을 스탠드에 철사 고리를 만들어 매달아 놓는다.

또 다른 자석을 멀리에서부터 점점 가까이 해 보자. 이러한 실험에서 우리는 쉽게 질문에 대한 해답을 얻을 수 있다(그림 52).

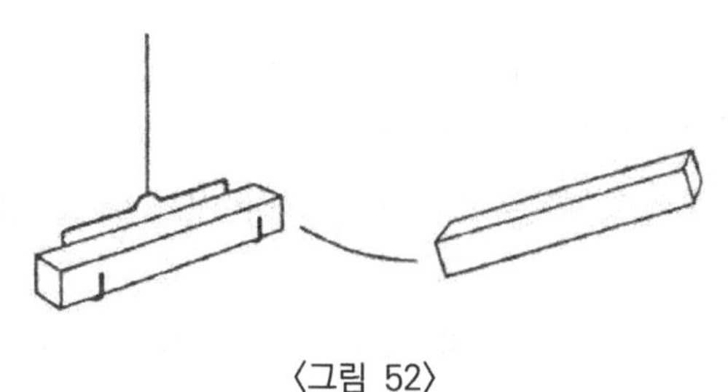

〈그림 52〉

(5) 간이 나침반 만들기

바늘이나 용수철 철사의 양 끝에 각각 다른 극의 자석을 문질러서 자침을 만든다. 이 자침을 받쳐줄 축은 가능한 한 마찰이 작도록 만들어야 한다. 여러 가지 방법이 있으나 유리관의 한쪽 끝을 가열하여 봉하고 막대 위에 철사나 못을 박아서 그 위에 거꾸로 세운다. 자침은 유리관 위에 붙이면 된다. 이 밖에도 자침을 올려놓은 물체가 자유롭게 회전할 수 있는 방법을 여러 가지 형태로 만들어 보자(그림 53).

〈그림 53〉

(6) 자북의 결정

가로 3㎝, 세로 10㎝ 정도의 코르크를 준비 한다. 그 위에 앞에서 만든 자침을 고정시켜서 물 위에 띄운다. 잠시 후에 정지 상태가 되었을 때 두 개의 커다란 핀을 그림처럼 자침의 방향과 일치하는 선에 꽂는다. 이 두 핀을 연결한 선의 N극 쪽 방향이 바로 자북이다(그림 54).

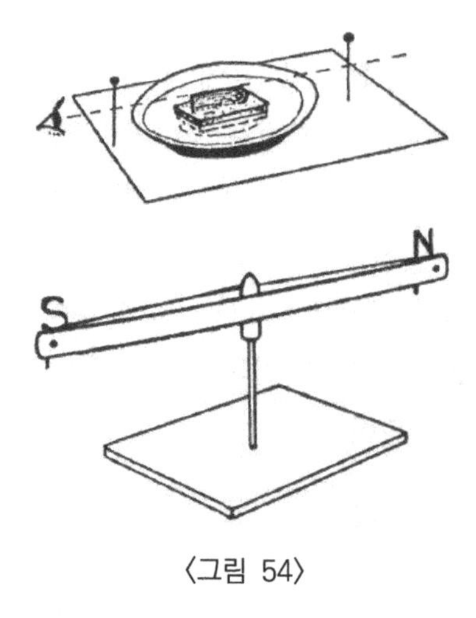

〈그림 54〉

(7) 지구의 자성을 나타내는 모형

나무판자 위의 공에 기다란 철사를 꿰어 비스듬히 고정시켜 놓는다. 이 때 고정축인 철사가 지구의 자전축을 나타낸다. 다음에는 자화시킨 핀을 수직으로 꽂는다. 외부에 나타나는 자기장의 모양을 알아보기 위하여 소형 나침반을 이곳저곳에 가까이 해 보자(그림 55).

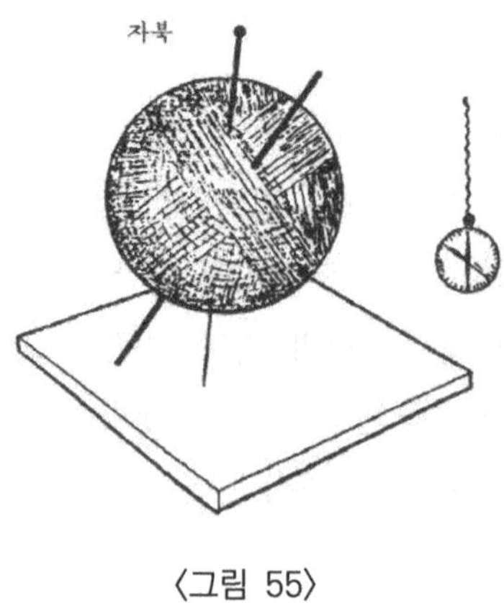

〈그림 55〉

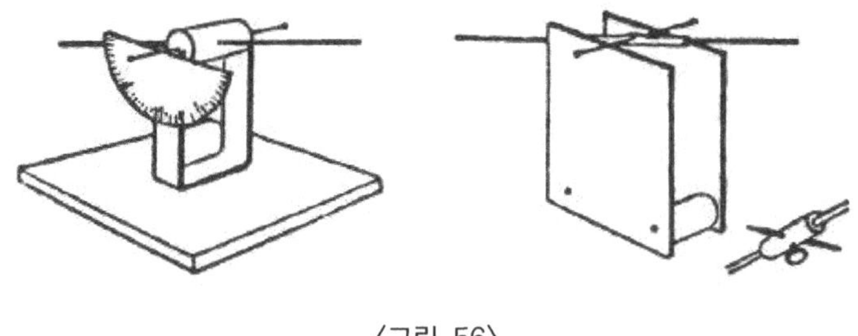

〈그림 56〉

(8) 복각 측정기

뜨개질용 쇠바늘을 코르크에 꿴다. 아래쪽에는 나무판자에 U자형 받침대를 만든다. 옆에는 각도기를 수평이 되도록 붙인다. 쇠바늘을 그대로 올려놓았을 때 각도기와 수평이 유지되도록 코르크의 위치를 조정한다. 다음에는 쇠바늘의 양 끝을 자석의 양극에 문질러 자화시킨다. 이것을 받침대 위에 올려놓으면 지자기의 영향을 받아 한쪽으로 기울어지게 되는데 방향을 바꾸어가며 최대로 기울어졌을 때의 각도를 측정해 보자(그림 56).

(9) 자기 유도

철사 토막을 나무상자 위에 올려놓는다. 철사 끝에 압핀을 실로 가까이 매단다. 다음에 자력이 센 자석을 철사의 다른 쪽 끝에 가까이 가져간다. 철사가 자성을 띠는가? 자석을 멀리 하고 다시 실험해 보자. 아직도 철사가 자성을 띠고 있는가? 자석 가까이서 물체가 자성을 띠게 되는 것을 "자기 유도"라고 한다(그림 57).

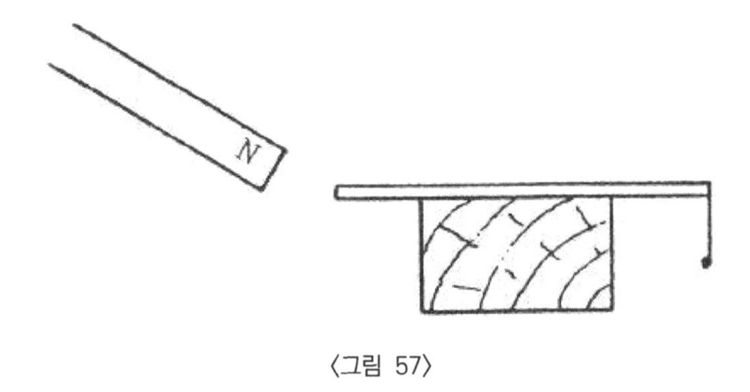

〈그림 57〉

(10) 자석이 잘라지면 어떻게 되나?

길이가 25㎝ 정도 되는 용수철 철사를 자화시킨다. 나침반으로 N극과 S극을 정해서 표시를 해 둔다. 자석의 가운데는 어떨까? 다음에 이 자석을 절반으로 잘라서 길이가 12.5㎝ 되도록 한다. 각각의 자석 끝의 극은 어떻게 될까? 각각의 끝에 N극과 S극을 정하고 표시를 해 둔다. 다시 또 가운데를 자른다. 이렇게 여러 차례 잘라서 양극을 차례로 정해 보자(그림 58).

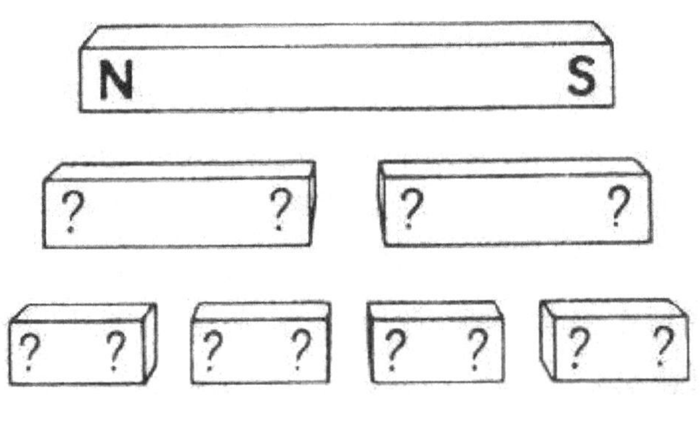

〈그림 58〉

(11) 종이 나침반 만들기

주둥이가 큰 병을 준비한다. 그 안으로 들어가서 자유로이 회전할 수 있는 두꺼운 종이를 준비하고 바늘이나 강철 핀을 자석의 양극에 문질러 자화시킨다. 이것을 준비한 종이에 꽂아 실에 매단다. 병 속에 넣고 실 끝에 또 다른 핀을 매어 그림과 같이 고정시킨다(그림 59).

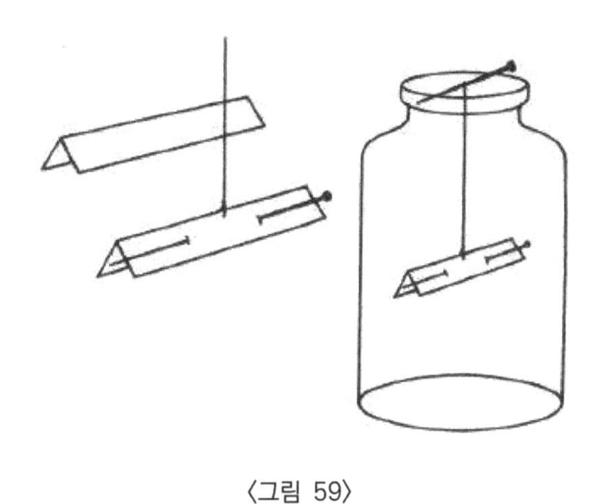

〈그림 59〉

(12) 자화 코일 만들기

유리관에 코일을 많이 감아서 자화기를 만든다. 건전지로 전류를 흐르게 하면 된다. 실질적으로 이용되는 방법으로는 솔레노이드로 짧은 시간에 많은 전류를 흐르게 한다.

이때에는 전압과 저항 등을 고려해야 된다(그림 60, 61).

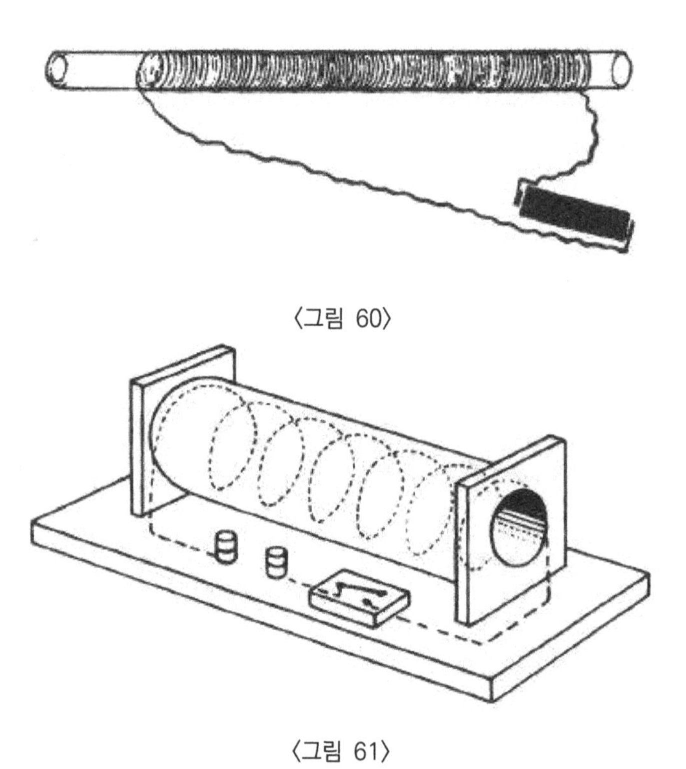

〈그림 60〉

〈그림 61〉

제4장
열에 관한 실험

A. 열팽창 효과

(1) 열팽창 실험

철사를 삼각형 모양으로 구부린다. 이것을 스탠드로 수평 이 되도록 고정시키고 철사 양끝이 맞닿은 곳에 동전을 끼운다. 삼각형의 한 변을 가열하면 동전이 어떻게 되는지 관찰해 보자(그림 62).

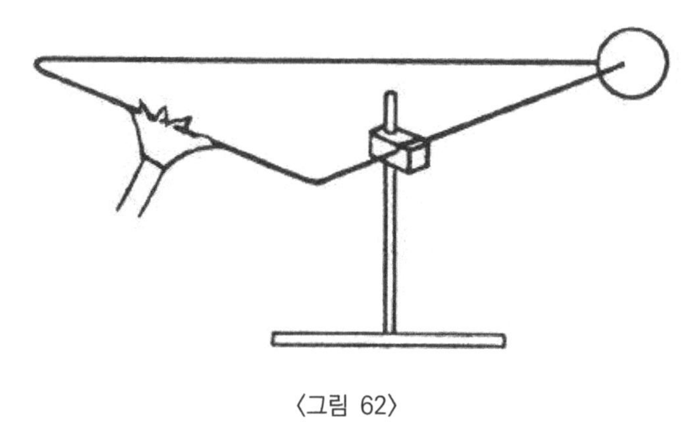

〈그림 62〉

(2) 열에 의한 고체의 팽창

2m 정도의 구리 파이프를 준비한다. 이것을 책상 위에 놓고 한쪽 끝은 클램프로 고정시킨다. 다른 쪽 끝부분의 아래에 구부린 철사를 놓는다. 철사의 처음 위치를 표시해 놓고 고정시킨 쪽에 열을 가해 보자. 이번에는 뜨거운 증기를 구리 파이프에 통과시켜 보자. 구리 파이프가 팽창되는 현상을 볼 수 있는가?(그림 63)

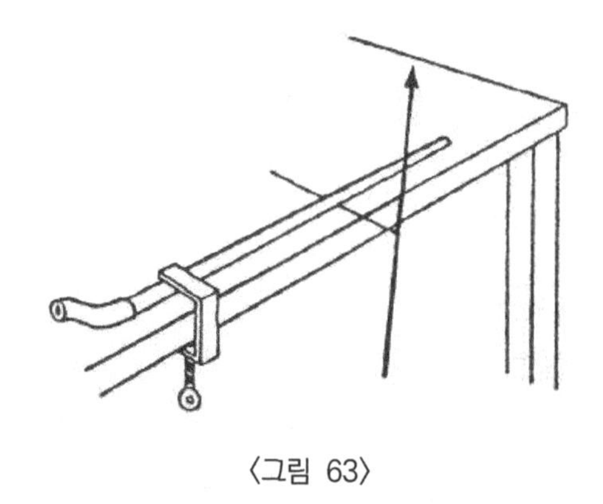

〈그림 63〉

(3) 철사 고리 실험

비교적 큰 나사못과 여기에 가까스로 들어갈 수 있는 철사 고리를 준비한다. 각각 막대 끝에 2.5㎝ 이상 나오게 고정시킨다. 나사못만을 가열하고 철사 고리를 끼워보자. 다음에는 철사 고리도 함께 가열한 뒤 끼워보자. 다시 철사 고리를 찬물에 냉각시킨 뒤 끼워보자. 이렇게 여러 가지 순서로 가열하고 냉각시켜 가면서 실험해 보자(그림 64).

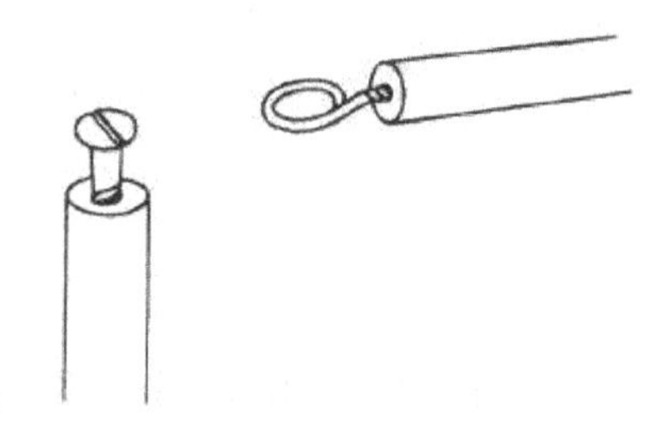

〈그림 64〉

(4) 바이메탈

쇠와 놋쇠조각을 서로 붙여 놓고 열을 가했을 때 팽창률의 차이로 굽어진다. 못으로 구멍을 뚫고 작은 못을 리벳으로 사용한다. 서로 붙이는 또 다른 방법은 같은 길이로 자른 뒤 서로 엇물리도록 구부려도 된다(그림 65).

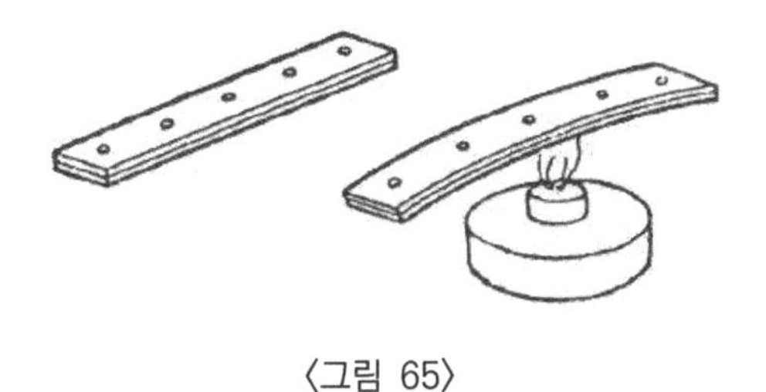

〈그림 65〉

(5) 팽창률 측정 장치

지레의 원리를 이용한 막대를 써서 금속 막대의 팽창률을 측정해 보자.

지지대의 끝에 면도날을 끼우고 X의 위치에 알맞은 무게의 추를 놓는다. 바깥 관에 찬 물을 흐르게 한 뒤 다시 뜨거운 증기를 통과시킨다. 쇠막대의 팽창률은 지레의 끝이 움직인 거리를 측정하여 계산하면 된다(그림 66).

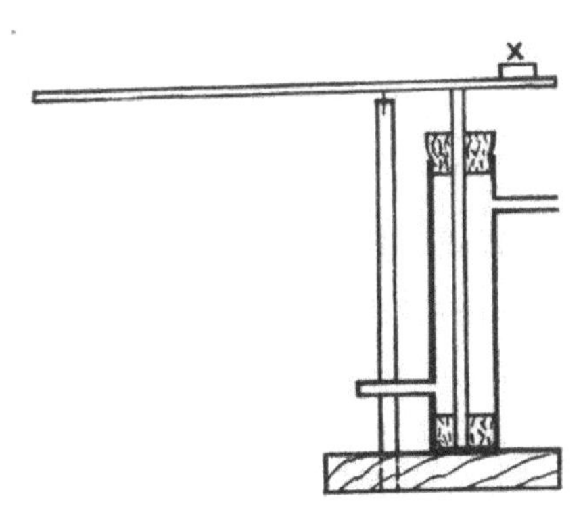

〈그림 66〉

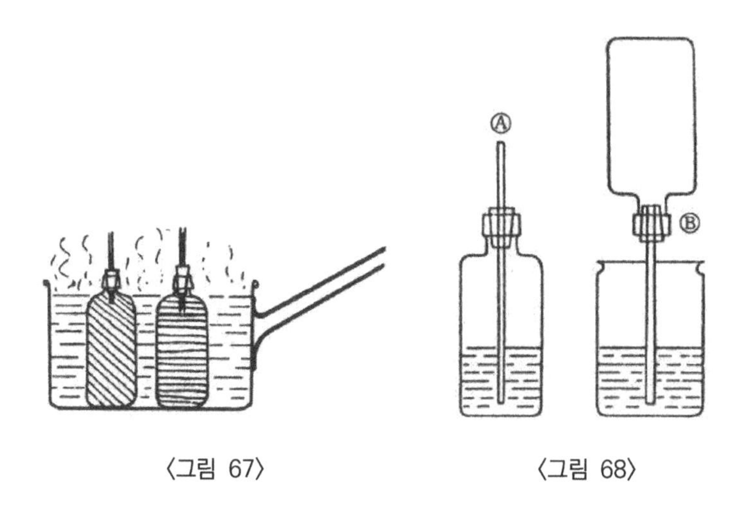

〈그림 67〉 〈그림 68〉

(6) 액체의 팽창

같은 크기의 2~3개 유리병에 유리관을 꽂은 코르크 마개를 막는다. 각각 다른 종류의 액체를 채운 뒤 뜨거운 물이 든 그릇에 넣어 보자. 유리관의 굵기와 병의 용량을 알면 액체의 팽창 계수를 산출할 수 있다(그림 67).

(7) 기체의 팽창

병을 이용하여 기체 팽창 실험을 해 보자. 코르크 마개를 막고 유리관을 끼우도록 구멍을 뚫는다. 그림 Ⓐ와 같이 물을 채운 뒤 손으로 병을 잡고 있으면 유리관으로 액체가 올라가는 모양을 관찰할 수 있다. 또 다른 방법으로 그림 Ⓑ와 같이 장치하고 위에 있는 병을 가열하면 유리관으로 기체가 빠져나가는 것을 볼 수 있으며 냉각시키면 유리관을 따라 물이 올라오게 된다(그림 68).

B. 온도

(1) 공기 온도계 만들기

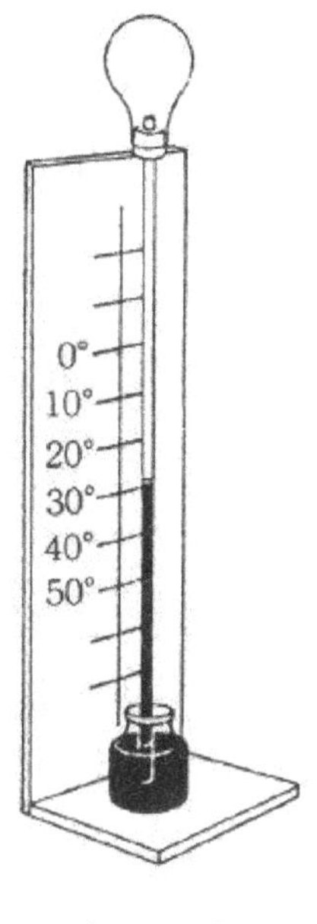

〈그림 69〉

못쓰게 된 전구(또는 두께가 얇은 병이나 플라스크)에 고무마개를 하고 길이 60㎝ 정도 되는 유리관을 끼운다. 이 때 공기가 새지 않도록 해야 한다. 다음에는 그림에서와 같이 장치한다.

유리관 뒤에는 눈금이 그려진 종이를 받침대에 붙인다. 유리관의 아래쪽은 잉크물을 탄 병 속에 넣는다. 전구를 가열하여 공기가 어느 정도 빠져 나가도록 한다. 냉각시켰을 때 유리관 속으로 잉크물이 절반 정도 올라오도록 되어야 한다. 눈금을 정하기 위하여 몇 시간을 그대로 둔다. 정확히 맞는 온도계를 가까이 놓고 정지 상태일 때의 눈금을 실험 장치 눈금에 기록한다.

이번에는 더운 장소에 두 온도계를 놓고 다음 눈금을 기록한다. 다음에는 차가운 장소로 옮겨 다음 눈금의 값을 기록한다. 이렇게 여러 장소에서 실제 온도계의 눈금을 읽어 실험 장치의 눈금을 정해 나가면 된다(그림 69).

(2) 알코올 온도계 만들기

간이 알코올 온도계는 외부 직경이 5㎜이고 구멍이 1㎜ 정도 되는 유리관으로 길이 20~30㎝ 되는 것을 준비한다. 직경이 1.5㎝ 정도 되는 둥근 부분에 고무관과 깔때기를 사용하여 붉

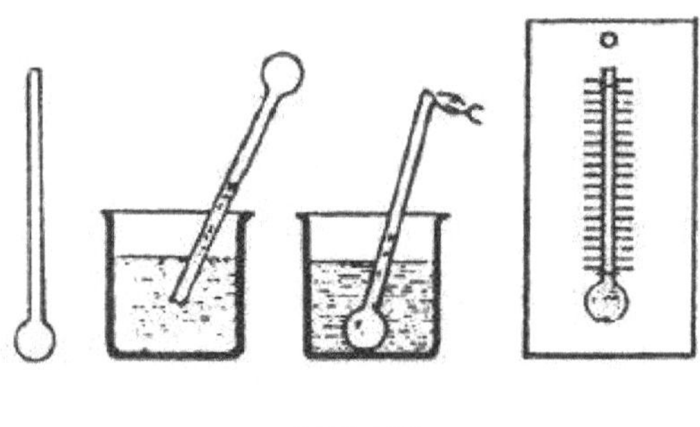

〈그림 70〉

은 공업용 알코올을 채운다. 이것을 60°C 되는 물속에 넣어 알코올이 끓는점 가까이 되도록 하여 알코올이 조금 흘러나오도록 한다. 그리고 다른 한 끝을 밀봉한다. 찬물에 넣어 온도계를 실험하고 눈금을 정한다(그림 70).

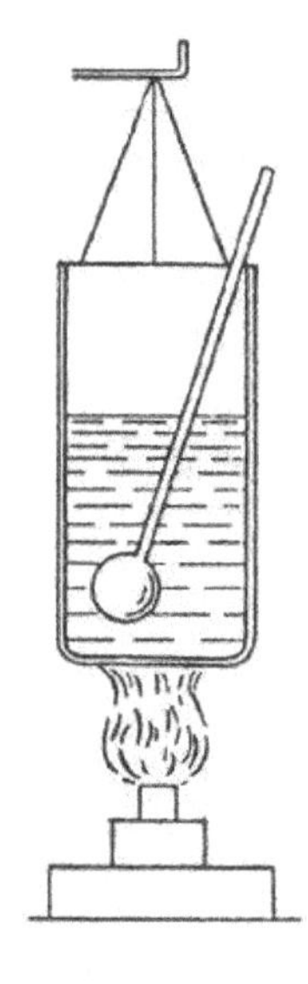

〈그림 71〉

(3) 열과 온도-칼로리 개념

깡통에 50cc의 물을 넣어 매단 뒤 온도계를 꽂고 알코올램프나 촛불로 가열해 보자.

2분간 가열한 뒤 온도를 기록한다. 이번에는 물을 쏟아내고 100cc, 150cc, 200cc의 물을 각각 넣어가며 같은 불꽃으로 가열해서 실험해 보자. 1cc의 물을 1g이라고 생각해도 상관없다. 각 경우에 물의 질량과 상승한 온도 값을 곱한다. 물 1g을 1°C높이는데 필요한 열량을 칼로리(gram calorie)라고 한다(그림 71).

C. 열의 전달

(1) 금속체의 열전도

30㎝ 정도 되는 구리, 놋쇠, 알루미늄 막대를 준비한다. 각각의 쇠막대 위에 3㎝ 간격으로 촛농을 이용하여 성냥개비나 못을 붙인다. 이것을 책상 위에 놓고 세 종류의 쇠막대 끝을 알코올램프로 가열해 보자. 열이 전도되는 현상을 관찰할 수 있는가?

또 다른 방법으로 15㎝ 정도 되는 굵기가 같은 여러 종류의 쇠막대를 준비한다. 양철통에 그림과 같이 여러 개의 구멍을 뚫어 이들을 꽂는다. 각각의 끝에 촛농으로 못을 붙여 놓는다. 이번에는 알코올램프로 각각의 쇠막대를 동시에 가열해 보자. 어떤 순서로 못이 떨어지는지 관찰해 보자(그림 72).

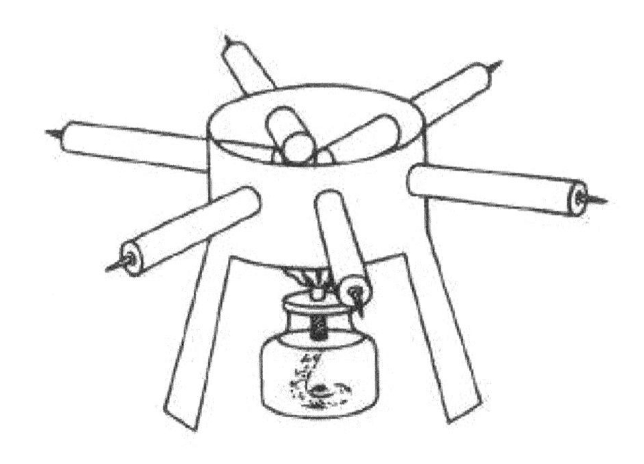

〈그림 72〉

(2) 액체 속에서의 열의 전달

커다란 비커에 물을 넣고 톱밥을 넣어 가열해 보면 대류 현상을 잘 관찰할 수 있다. 이러한 대류 현상으로 액체 속에서는 열이 전달되는데 대류 현상은 온도가 높은 물이 밀도가 작아져 가벼워지기 때문에 일어난다.

대류 현상을 알아보는 또 다른 방법으로 잉크병에 고무마개를 막고 그림과 같이 높이가 다르게 유리관을 꽂는다.

잉크병에는 잉크를 푼 매우 뜨거운 물을 넣는다. 또 수조에는 매우 찬물을 넣는다. 빠른 동작으로 잉크병을 수조 속에 집어넣는다. 잠시 후에 어떤 현상이 일어나는지 자세히 관찰해 보자. 이 현상을 설명할 수 있는가?(그림 73)

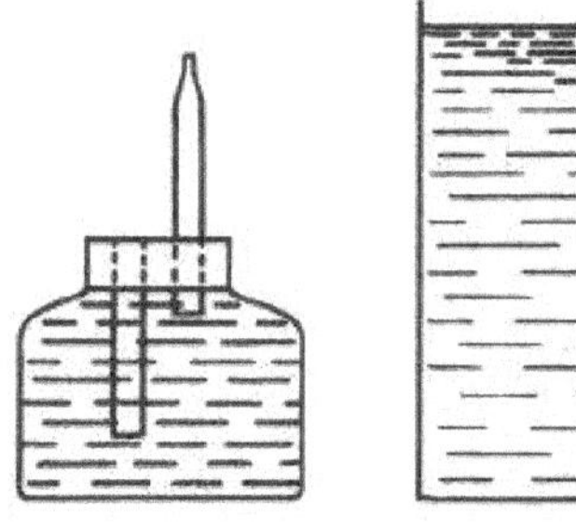

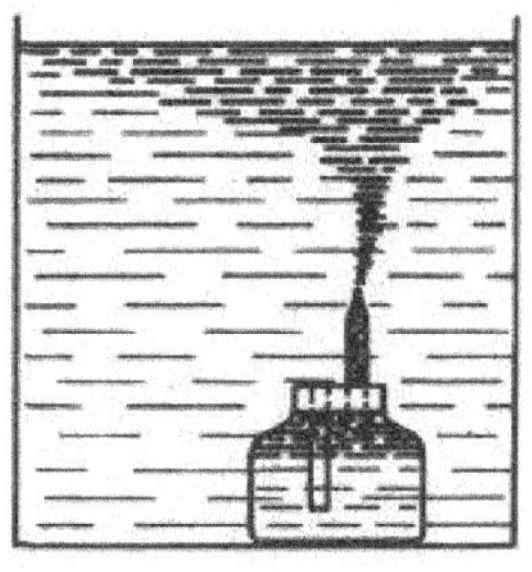

〈그림 73〉

(3) 공기의 대류 현상

얇은 깡통 뚜껑 같은 둥근 양철 판을 준비한다. 가장자리에서 가운데로 돌아가며 오린 뒤 같은 방향으로 휜다. 한 가운데를 볼록 나오게 하고 철사로 구부려 받친 뒤, 그 아래에 촛불을 가져가 보자.

다른 방법으로 이번에는 종이를 나선형으로 오려서 오른쪽

〈그림 74〉

그림과 같이 만든 뒤, 촛불 위에서 약간의 거리를 두고 실험해 보자. 공기의 대류 현상을 잘 볼 수 있는가?(그림 74)

(4) 복사에 의한 열의 전달

지금까지 우리는 고체, 액체, 기체에서 열이 전달되는 몇 가지 실험을 했다. 그런데 열은 진공에서도 파동의 형태로 전달될 수 있다. 이것을 복사라고 한다. 복사에 의한 열의 전달은 거의 순간적으로 일어난다. 복사에 대한 간단한 실험을 해 보자. 손바닥을 위로 하여 불이 켜지지 않은 전구의 아래쪽에 손을 가져간다. 전기를 켜는 순간에 거의 동시에 열을 느낄 수 있는가? 공기는 열을 그렇게 잘 전달하는 물질이 아니므로 전도에 의해서 전달된 것이 아니며 더구나 아래쪽에 손이 있었으므로 대류에 의해서 전달된 것도 아니다. 실제로 매우 짧은 파

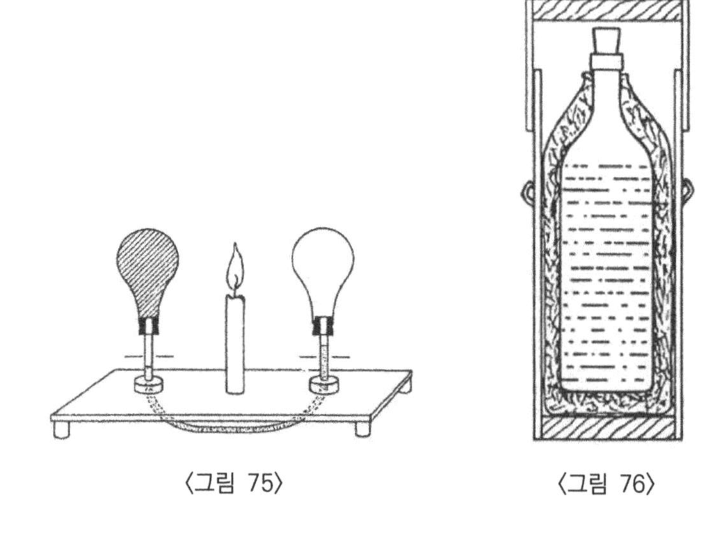

〈그림 75〉 〈그림 76〉

의 형태로 전달되었다. 복사는 열을 열원에서 직접 전달한다. 열의 복사파는 렌즈나 거울을 이용하여 실험해 보면 모아지는 성질, 반사하는 성질이 있음을 쉽게 알 수 있다.

(5) 복사에 영향을 주는 색깔

플라스크나 끝을 잘라낸 전구를 두 개 준비한다. 여기에 길이 15㎝ 되는 유리관을 코르크나 고무마개에 꽂아 그림과 같이 22㎝ 떨어지게 세운다. 한쪽 전구는 양초로 그을음을 입힌다. 다음에는 고무관을 준비하여 물을 넣어 양쪽 유리관에 7.5㎝ 정도 올라오게 한다. 이렇게 만든 장치를 보면 물의 처음 높이가 같다. 정확히 가운데에 촛불을 켜 놓는다. 수면의 높이가 어떻게 되는지 관찰해 보자(그림 75).

(6) 간이 보온병

병이 들어갈 수 있는 헝겊 주머니를 헐렁하게 만들고 바닥과 옆에 솜을 채운다. 이것을 종이 상자에 넣어 끈을 단다. 진공 장치를 사용하지는 않았으나 뜨겁거나 찬물은 어느 정도 오랜 시간을 보관할 수 있다(그림 76).

제5장
전기 실험

A. 정전기

(1) 마찰 전기

코르크를 갈아서 작은 조각으로 만들자. 또 얇은 종이를 잘게 썰어 놓자. 플라스틱 빗이나 플라스틱 볼펜, 고무풍선, 유리컵 등을 준비하자. 이것을 머리카락이나 털 헝겊에 문질러서 코르크 조각에 가까이 해 보자. 이번에는 다시 문질러서 종잇조각에 가까이 해 보자. 어떤 현상이 일어나는가?(그림 77)

이번에는 면 헝겊에 문질러서 같은 실험을 해 보자.

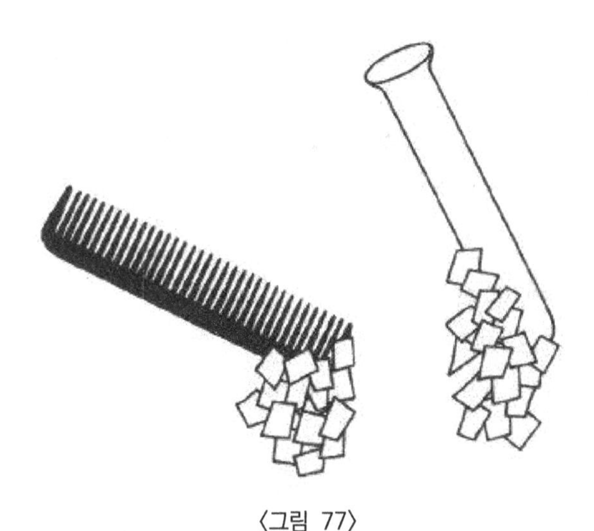

〈그림 77〉

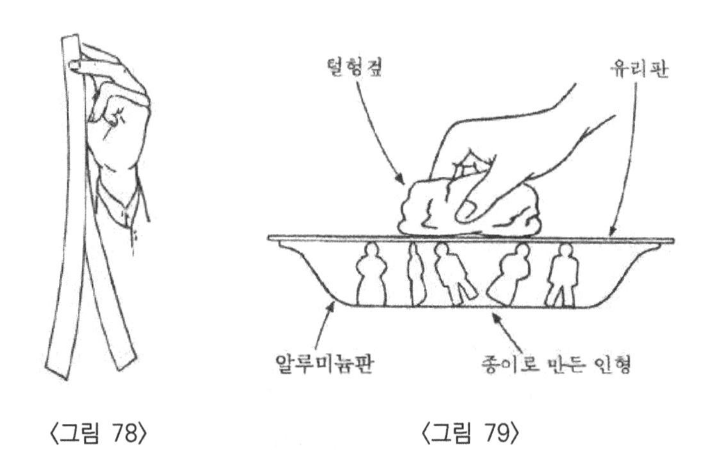

〈그림 78〉 〈그림 79〉

(2) 정전기가 생기는 곳

고무풍선에 바람을 넣어 머리에 문지른 뒤 종이나 코르크 조각에 가까이 해 보자. 빗이나 플라스틱 자를 이용하여 같은 실험을 해 보자. 플라스틱 볼펜을 옷자락에 문지른 뒤 정전기 실험을 해 보자.

길이가 30㎝, 폭이 5㎝인 신문지 조각을 두 장 겹쳐 들고 손으로 문질러 보자.

어떤 현상이 나타나는가? 이러한 여러 가지 실험으로 어느 곳에나 정전기가 나타남을 확인해 보자(그림 78).

(3) 정전기를 이용한 놀이

깊이가 2.5㎝ 되는 알루미늄 그릇을 준비하고 그 위에 유리 뚜껑을 덮는다. 얇은 종이를 인형 모양으로 오려서 그 속에 넣는다.

종이를 권투 선수 모양으로 오려서 넣어도 좋다.

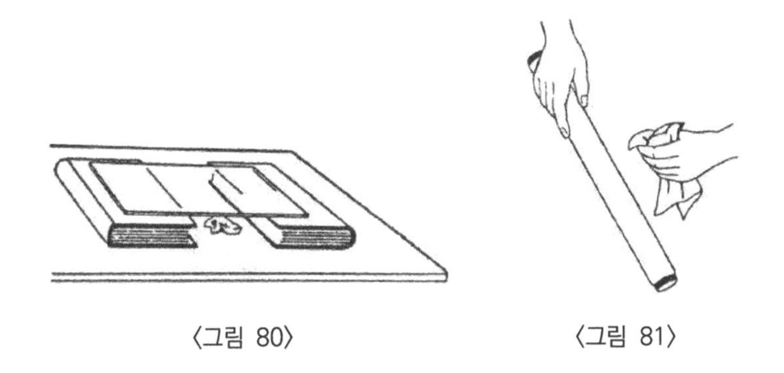

〈그림 80〉 〈그림 81〉

이 때 오린 크기는 그릇 깊이보다 조금 작은 것이 좋다. 털 헝겊이나 부드러운 가죽 조각으로 유리판을 문지르면 종이 가 춤추는 듯 움직이는 모습을 볼 수 있다(그림 79).

(4) 종이 높이뛰기 놀이

두 권의 책을 놓고 아래에 종잇조각을 넣은 뒤 유리 덮개를 올려놓는다. 유리를 면직물이나 모직물 헝겊으로 문지른다. 그러면 종이가 튀어 오른다.

종이를 달라붙게 하는 것은 대전된 유리에 의하여 전하가 종잇조각에 유도되기 때문이다. 이 전하가 없어지게 되면 다시 떨어진다. 이 때 종이를 개구리 모양으로 오려놓으면 재미있다(그림 80).

(5) 정전기에 의한 빛

형광등 전구를 준비해 놓는다. 어두운 장소에서 털 헝겊 조각이나 모직 헝겊 조각으로 가볍게 문지른다. 어떤 현상을 관찰할 수 있는가?(그림 81)

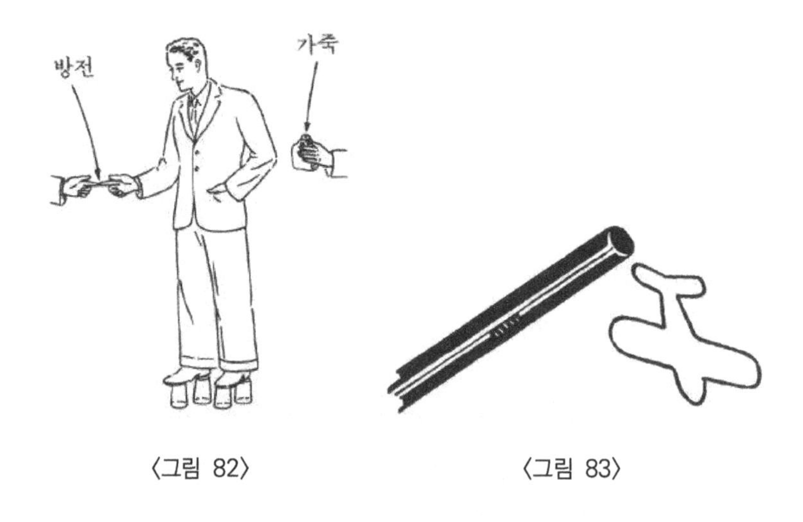

〈그림 82〉 〈그림 83〉

(6) 마찰에 의한 방전

네 개의 유리컵을 서로 가까이 엎어 놓는다. 유리 컵 위에 올라선다. 옷을 털가죽이나 가죽 조각으로 1분 이상 문지른다. 손가락을 내밀어 옆에 서 있는 사람의 손가락에 가까이 해 보자. 이번에는 손가락을 수도관에 가까이 해 보자.

어떤 현상이 일어나는가?(그림 82)

(7) 정전기 비행기

가벼운 알루미늄 판을 작은 비행기 모양으로 오린다. 대전 된 에보나이트 막대나 플라스틱 막대를 가까이 해 보자. 그러면 비행기는 막대로 뛰어올라서 막대기와 같은 종류의 전하를 얻게 되어 다시 튕겨 나간다. 이 때 튕겨 나가는 방향을 조정하면 비행기는 공기 중에 어느 정도 오랫동안 날아간다(그림 83).

〈그림 84〉

(8) 풍선 띄우기

고무풍선을 불어서 털 헝겊으로 가볍게 문지른다. 벽에 가까이 해 보자. 다시 한 번 문질러서 머리에 가까이 해 보자.

(9) 벽에 신문지 붙이기

신문지를 펴서 벽에 가볍게 눌러 보자. 연필로 위를 여러 차례 문질러 놓는다. 손을 떼면 신문지가 어떻게 되는가?(그림 84)

(10) 정전기의 두 가지 종류

나무판자에 긴 못을 박아 회전 장치를 만든다. 크고 넓은 코르크 마개에 큰 구멍을 뚫어 작은 시험관을 꽂는다. 다음 그림과 같이 장치하고 그 위에 네 개의 가는 핀으로 또 하나의 작은 시험관을 올려놓는다. 두 개의 유리 막대나 시험관을 준비하고 한 조각의 면 헝겊, 또 두 개의 플라스틱 빗과 털 헝겊 조각을 각각 준비한다. 시험관을 면 헝겊으로 문질러 회전 장

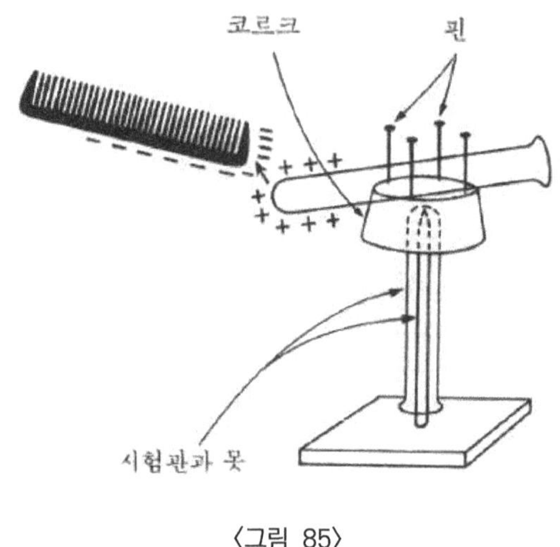

〈그림 85〉

치 위에 올려놓는다. 다른 시험관을 면 헝겊으로 문질러 가까이 해 보자. 실험 결과를 확실히 알 때까지 반복한다.

이번에는 시험관을 다시 면 헝겊으로 문질러 회전 장치 위에 올려놓은 뒤 플라스틱 자를 털 헝겊으로 문질러 시험관에 가까이 해 보자. 여러 차례 실험해 보자.

머리빗을 털 헝겊으로 문질러 회전 장치 위에 올려놓는다. 다른 빗을 털 헝겊으로 문질러 가까이 해 보자. 여러 차례 실험을 반복해 보자(그림 85).

다시 털 헝겊으로 머리빗을 문질러 회전 장치 위에 놓는다. 이번에는 유리 막대를 면 헝겊으로 문질러 가까이 해 보자. 같은 실험을 반복해 보자.

플라스틱을 털 헝겊으로 문지를 때 플라스틱은 음전하로, 털 헝겊은 양전하로 대전된다. 유리를 면 헝겊으로 문지르면 유리는 양전하로, 면 헝겊은 음전하로 대전된다. 지금까지의 실험에

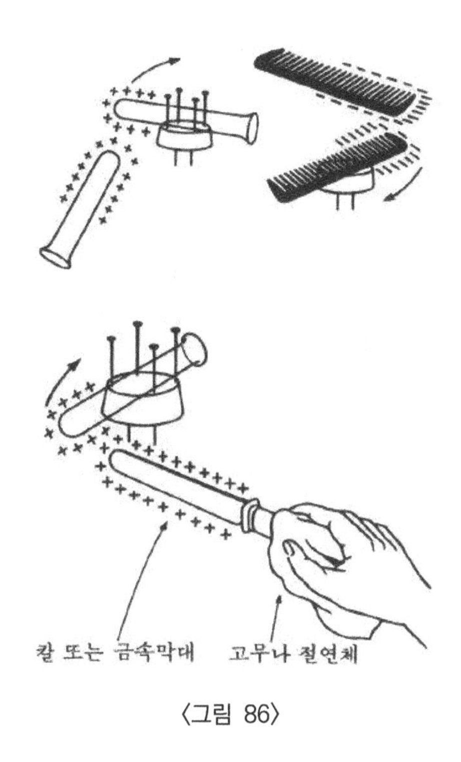

〈그림 86〉

서 같은 전하끼리는 서로 밀고 다른 전하끼리는 서로 당기는 현상을 나타낸 것이다. 이것이 전하의 기본 성질이다(그림 86).

(11) 정전기 실험 장치

나무에서 송진을 떼어내 직경 5㎜ 정도의 작은 구슬을 여러 개 만든다. 각각에 길이 15㎝의 실을 맨다. 이것을 나무 스탠드에 매달고 다른 하나를 면 헝겊, 털 헝겊으로 문질러 가까이 해 보자. 어떤 현상이 일어나는가? 이번에는 서로 닿게 한 뒤 같은 실험을 해 보자. 이런 원리로 검전기를 만들게 된다.

(12) 금속구 검전기

담뱃갑 속에 있는 금속박을 동글게 만들어 직경이 6㎜ 정도 되도록 한다. 이것을 실로 매달아 아래 그림과 같이 장치한다. 대전된 물체를 가까이 해 보자. 이번에는 플라스틱 볼펜을 옷에 문질러 가까이 해 보자. 금속구를 움직이지 않게 하고 접촉시켜 대전시킨 후 같은 실험을 해 보자. 어떻게 하면 두 종류의 전하가 있음을 할 수 있을까?(그림 87)

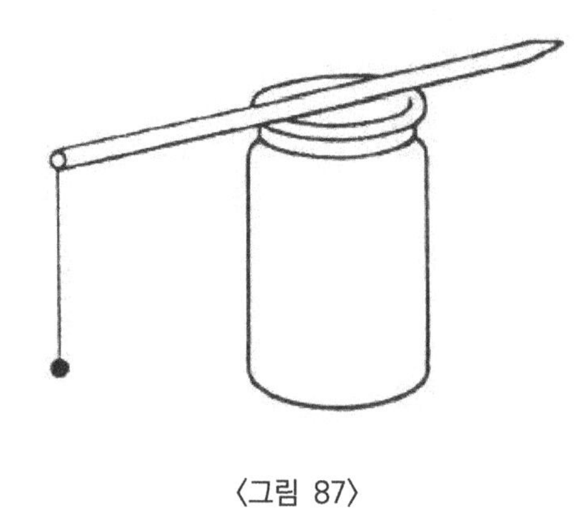

〈그림 87〉

(13) 종이 검전기 만들기

신문지를 길이 60㎝, 폭 10㎝로 오린다. 가운데를 접어서 다음 그림과 같이 자에다 올려놓는다. 책상 위에 놓고 털 헝겊으로 여러 차례 문지른다. 살며시 들어서 두 종이가 어떻게 되는지 관찰해 보자. 이번에는 플라스틱 빗을 털 헝겊으로 문질러 종이의 아래쪽 사이에 가져가 보자. 여러 번 이런 실험을 해 보자. 이번에는 유리병을 면 헝겊으로 문질러서 신문지 아래쪽에 가까이 해 보자. 어떻게 되는가? 이런 실험을 통해서 어떤 사실을 알 수 있는가?(그림 88)

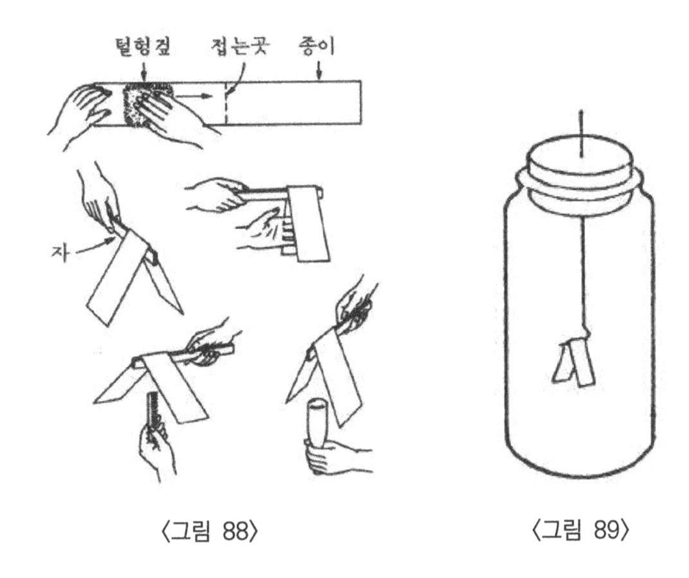

〈그림 88〉 〈그림 89〉

(14) 금속박 검전기 만들기

금속박 검전기를 만들기 위하여 병, 철사, 금속박이 필요하다. 코르크는 전하가 달아나는 것을 막는 데 필요하다.

철사를 L자로 구부려 그 아래에 금속박을 올려놓는다. 대전체를 철사에 가까이 하면 금속박이 벌어진다. 다음에는 철사에 대전체를 대어 보자. 또 손으로 철사를 만진 후 다시 대전체를 가까이 해 보자. 여러 가지 방법으로 실험을 반복해 보자(그림 89).

(15) 고무풍선을 이용한 정전기 실험

고무풍선을 불어서 1m 정도의 실에다 매단다. 털 헝겊으로 고무풍선을 문지른다. 얼굴을 가까이 해 보자. 어떻게 되는가? 이번에는 두 개의 풍선을 매달고 각각을 털 헝겊으로 문지른 뒤 가까이 해 보자. 풍선 사이에 얼굴을 가까이 해 보자.

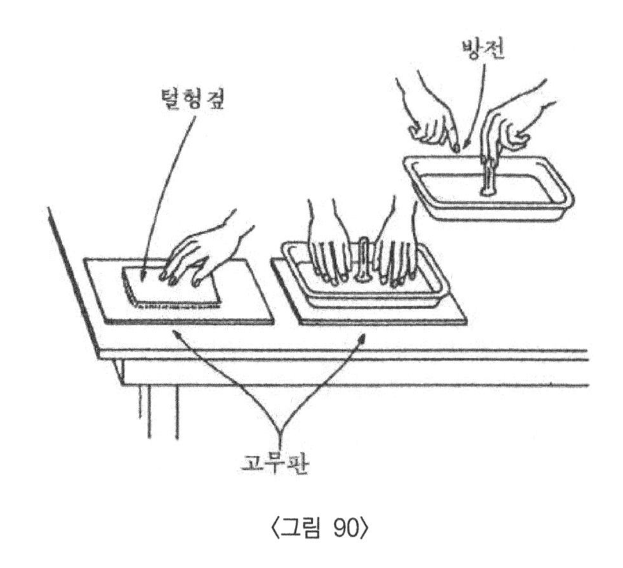

〈그림 90〉

(16) 정전기에 의한 방전

한 변이 24㎝ 정도 되는 알루미늄 판을 준비한다. 이것을 불꽃으로 가열한다. 가운데에 양초를 놓아 어느 정도 녹인 뒤 손잡이가 될 만큼 남았을 때 불을 끄자. 물론 알루미늄 판에 구멍을 뚫어 플라스틱이나 나무 손잡이를 만들어 놓아도 된다. 책상 위에 고무판을 놓고 털 헝겊으로 여러 차례 문지른다. 그 위에 알루미늄 판을 놓고 손으로 세게 누른다. 손을 떼고 손잡이를 잡고 알루미늄 판을 든다. 이제 손가락을 알루미늄 판에 가까이 가져가 보자. 손가락을 가까이 하면 방전이 일어난다. 다시 고무판 위에 알루미늄 판을 눌렀다가 같은 방법으로 실험을 반복해 보자(그림 90).

B. 간단한 전지와 회로

(1) 물이 관 속을 흐르는 모습

물이 한쪽 통에서 다른 쪽 통으로 흐르려면 한쪽의 수위가 높아야 한다. 이러한 것은 두 개의 큰 깡통을 이용하여 간단히 알아 볼 수 있다. 바닥 쪽에 구멍을 뚫고 관으로 연결시킨다. 한쪽의 통에 물을 가득 채운 뒤 관을 열어주면 물이 다른 쪽으로 흐르게 된다. 언제 흐름이 멈추는가?(그림 91)

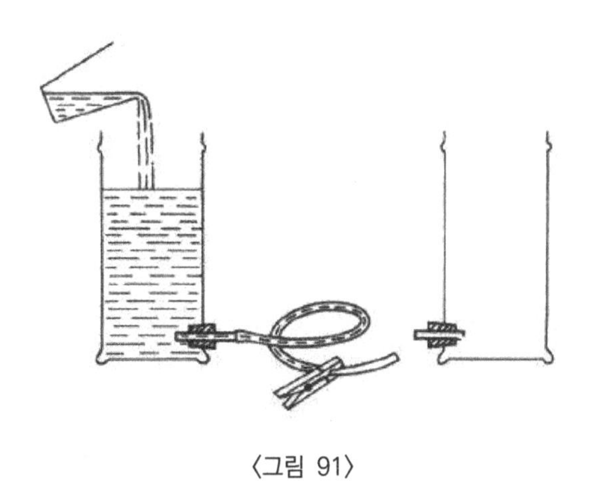

〈그림 91〉

(2) 전하가 도선을 흐르는 모양

양철통과 금속박 검전기를 아래 그림과 같이 놓고 빨래집게로 도선을 들고 있는다. 플라스틱 빗을 털가죽에 여러 번 문질러 양철통에 대어 대전시킨다. 여러 번 대전시킨 후 도선을 빨래집게를 이용하여 검전기와 접촉시킨다. 금속박이 어떻게 되는가? 금속박 검전기에 손을 대었다가 다시 대전 시켜본다. 여러 번의 실험으로 전하가 흐르는 것을 알아보자(그림 92).

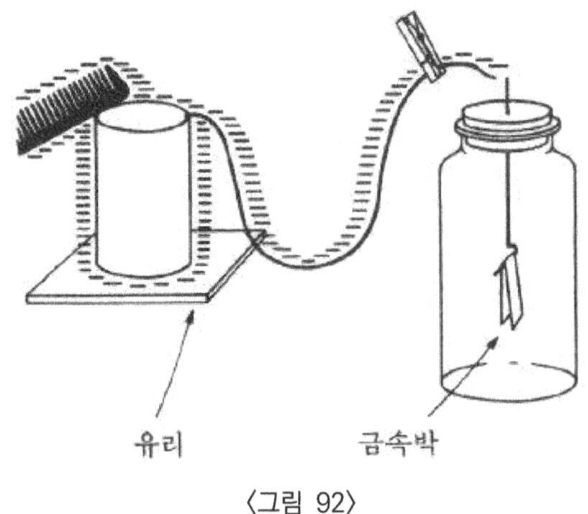

〈그림 92〉

(3) 전류를 알아보는 간단한 실험

절연체가 입혀진 전깃줄을 직경 8㎝ 정도의 원형으로 50~60회 감는다. 이것을 실이나 테이프로 고정시킨 뒤 나무판 위에 올려놓는다. 가운데를 팽팽하게 하여 나침반을 올려놓는다. 다음 그림과 같이 건전지를 연결하고 도선을 연결했다 끊었다 해 보자(그림 93). 나침반의 바늘이 어떻게 움직이는가?

보다 민감한 장치를 다음 그림과 같이 나침반을 놓고 직접 감아서 만들 수도 있으며 간이 나침반을 만들어서 실험할 수 있다(그림 94, 95).

(4) 화학적 에너지에 의한 전기 에너지

두 개의 서로 다른 금속판을 준비한다. 금속면을 깨끗이 닦는다. 금속판보다 큰 종이를 준비하여 소금물에 적신다. 두 금속판 사이에 이것을 넣고 금속의 양 끝에 검류계를 연결하거나 회로 가까이에 나침반을 가까이 해 보자.

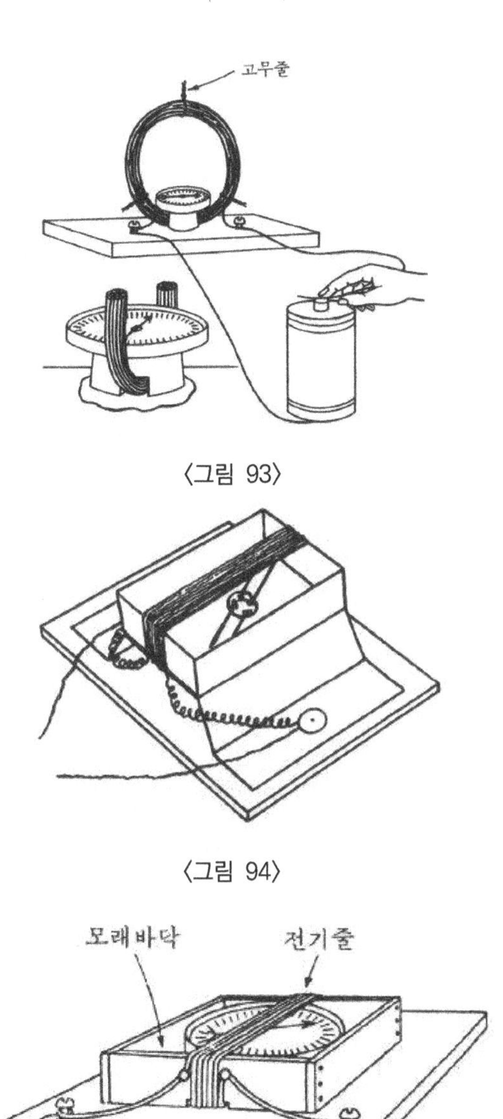

〈그림 93〉

〈그림 94〉

〈그림 95〉

(5) 레몬에 의한 전기

아연판과 구리판에 각각 도선을 연결한다. 레몬을 책상 위에 놓고 아래 그림과 같이 두 개의 철판을 서로 닿지 않게 꽂는다. 회로 가까이에 놓은 나침반을 관찰해 보자.

같은 실험을 토마토를 이용하여 해 보자. 두 금속판의 간격이 어떤 영향을 주는가?(그림 96)

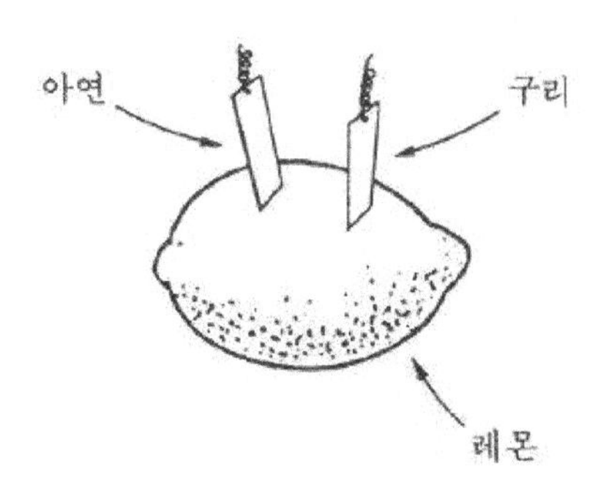

〈그림 96〉

(6) 간이 전지 만들기

묽은 황산이 들어 있는 병에 구리와 아연판을 넣으면 간단한 전지가 된다. 가끔 두 철판을 흔들어 주어야 한다(그림 97).

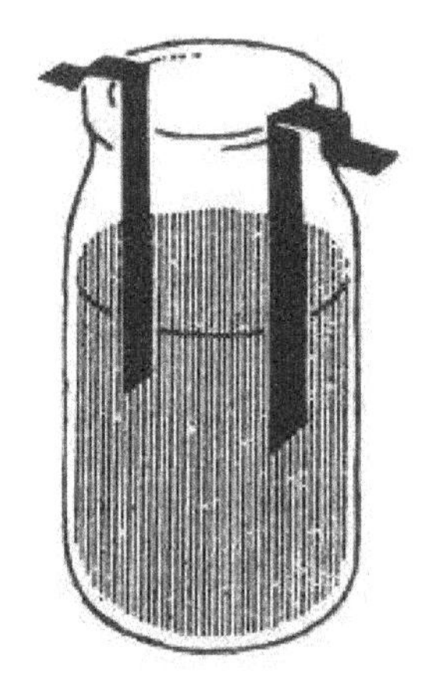

〈그림 97〉

(7) 건전지의 구조

못쓰게 된 건전지를 분해하여 보자. 가운데에는 (+)극의 탄소 막대가 있으며 (−)극의 아연판이 가장자리에 있

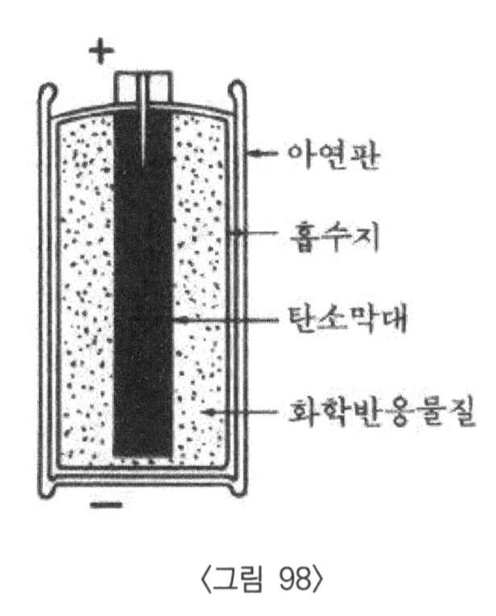

〈그림 98〉

다. 가운데에는 화학적 반응을 일으키는 물질이 채워져 있다(그림 98).

(8) 건전지의 이용

건전지를 꼬마전구에 연결하면 불이 켜진다. 간단한 도선 과 전구 고정 장치를 이용하면 여러 가지로 간단한 모양의 회로를 만들 수 있다(그림 99).

(9) 건전지를 연결하기

건전지를 직렬로 연결하여 전압을 높일 수 있으며 병렬로 연결하면 하나의 건전지 전압으로 오랫동안 사용할 수 있게 된다. 여러 가지 방법으로 연결하여 필요로 하는 전압을 얻어 보자(그림 100).

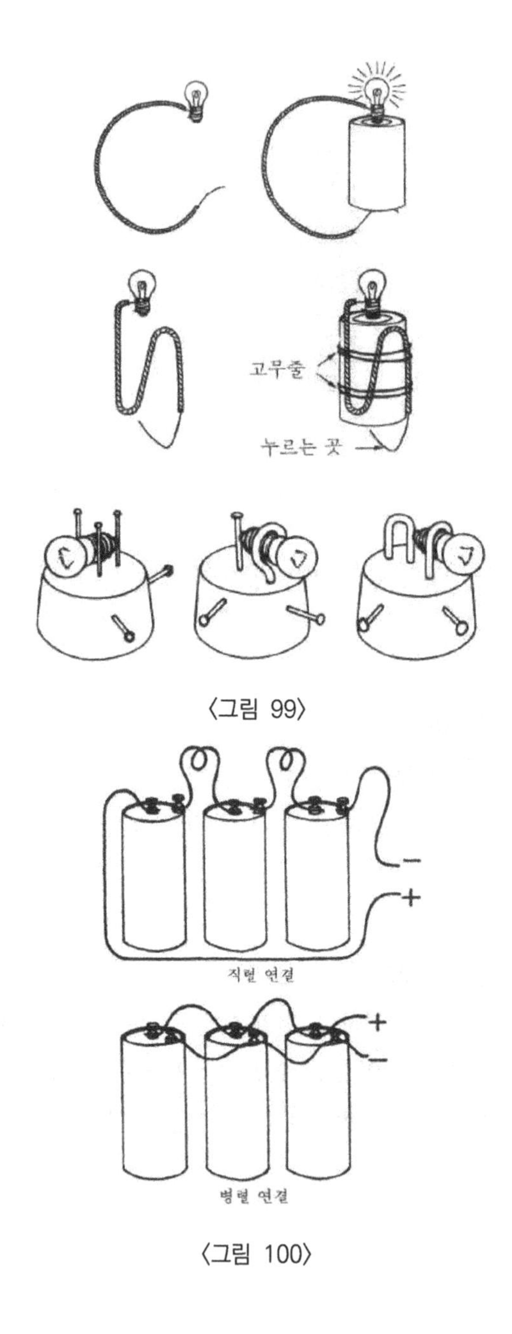

〈그림 99〉

〈그림 100〉

(10) 전구의 연결

전구도 건전지와 마찬가지로 직렬연결과 병렬연결 방법이 있다. 어떻게 연결하면 밝게 되는지 또 전압에 맞는 연결인지 미리 생각을 한 뒤 실험으로 확인해 보자(그림 101).

〈그림 101〉

(11) 건전지를 이용한 편리한 장치

건전지를 이용하여 회로를 만들자. 필요에 따라 중간에 스위치를 만들어 보자. 이 때 스위치는 이미 나와 있는 것을 이용해도 되지만 여러 가지 방법으로 고안해서 흥미롭게 만들어 보자(그림 102).

또 전종을 회로에 연결시켜 재미있는 장치도 고안해 보자. 이 밖에 꼬마전구를 이용할 때는 사용 전에 알맞은 전압인지 계산을 해 보아야 전구의 손실을 막을 수 있다(그림 103).

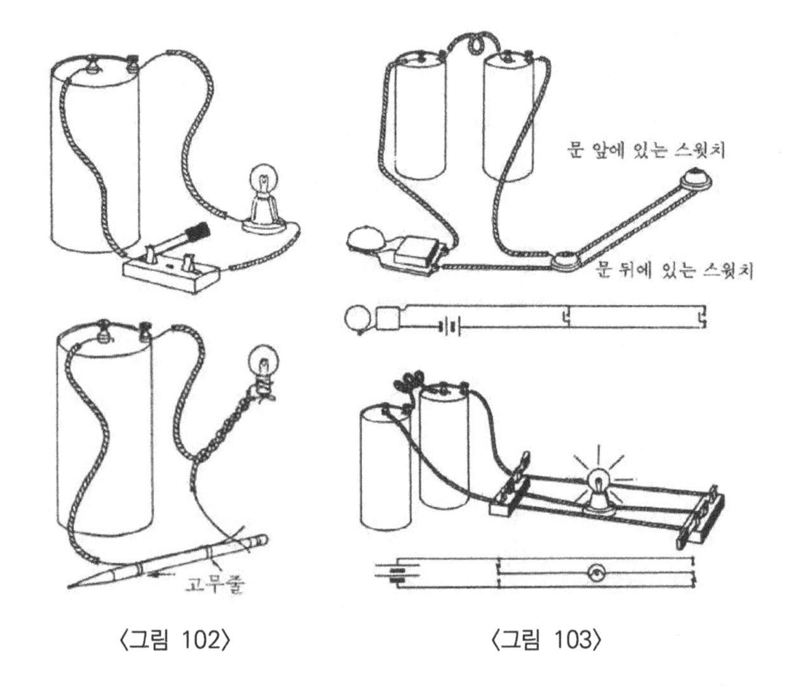

〈그림 102〉 〈그림 103〉

C. 자기력과 전기 에너지

(1) 전류의 자기 작용

두 개의 구리 도선을 준비하여 양쪽 끝의 절연 물질을 벗겨 낸다. 도선을 건전지에 접촉시키고 양쪽 끝은 그림과 같이 장치한다. 쇳가루를 종이 위에 고르게 뿌린 뒤 도선의 한쪽이 그 위를 지나도록 한다. 전류를 흐르게 하고 도선을 빨리 들어 올려서 쇳가루가 붙은 모양을 관찰하자. 전류를 끊으면 붙었던 쇳가루가 어떻게 되는가? 실험을 할 때 도선에 전류를 너무 오랫동안 흐르게 하지 말자(그림 104).

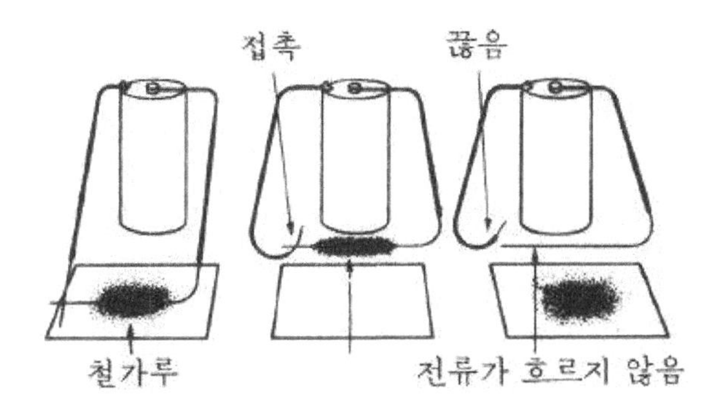

〈그림 104〉

(2) 자침을 이용한 전류의 자기 작용 실험

위의 실험에서 쇳가루 대신 나침반을 이용해도 된다. 도선의 위쪽에 나침반을 놓았을 때와 아래쪽에 나침반을 놓았을 때 자침의 방향이 어떻게 되는지 여러 번 실험을 해 보자.

(3) 볼트를 이용한 전자석 만들기

길이가 5㎝ 정도 되는 쇠로 된 볼트와 너트, 두 개의 와셔를 준비한다. 양쪽 끝에 와셔를 끼우고 볼트에 너트를 죈다. 양쪽 와셔 사이에 절연체가 입혀진 도선을 감는데 이 때 도선의 한쪽 끝을 30㎝ 정도 남겨 두고 감기 시작한다. 볼트에 충분히 도선을 감고 마찬가지로 30㎝ 정도 길이를 남겨 놓는다.

길게 남겨둔 도선의 양쪽 끝의 절연체를 벗겨낸다. 두 개의 건전지를 직렬로 연결시킨 후 두 도선을 접촉시켜 전자석을 만든다. 여러 개의 못을 붙여 보자. 전류를 끊어 보자. 더 무거운 금속체도 들어 보자. 전자석의 극을 나침반을 이용하며 결정해 보자(그림 105).

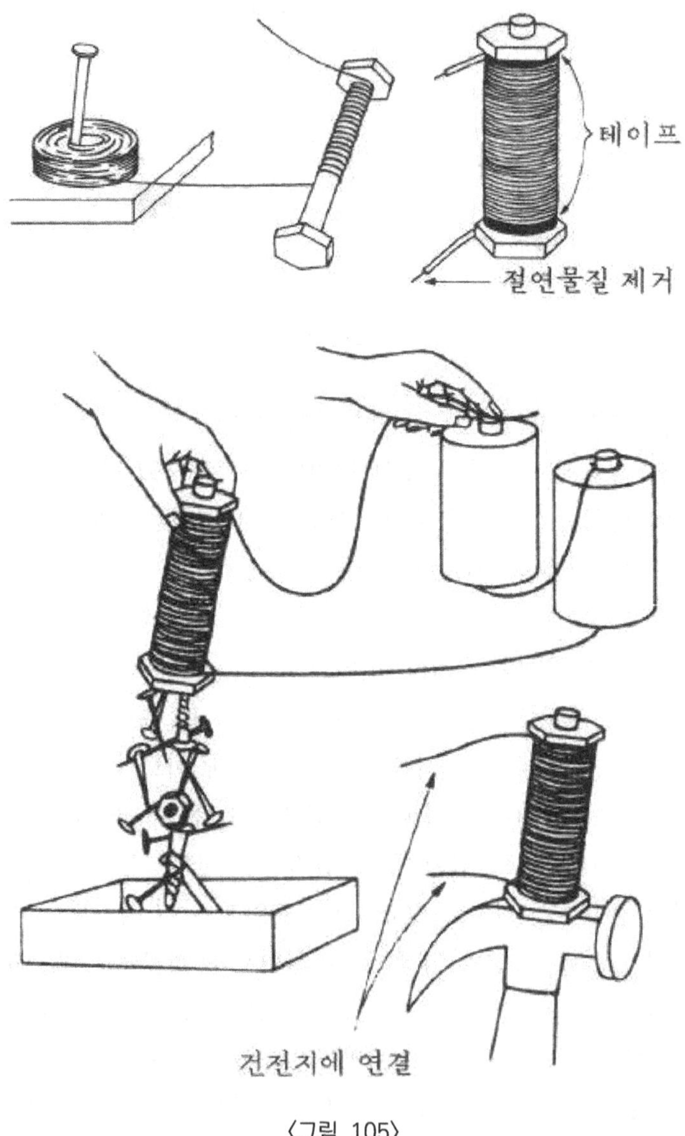

〈그림 105〉

(4) 말굽 모양의 전자석 만들기

구부러진 볼트나 직경 5㎜ 정도의 철사를 30㎝ 정도 준비하자. 이것을 U자 모양으로 구부린다. 여기에 도선을 여러 겹으로 감고 도선 양 끝을 30㎝ 정도 남겨 놓는다.

도선을 감는 방향은 반드시 다음 그림과 같아야 한다. 마찬가지로 도선의 양쪽 끝에서 절연체를 벗겨내고 직렬로 연결된 건전지에 접속시킨다. 말굽자석의 양쪽 극이 N극과 S극인지 자침으로 확인해 보자. 양쪽이 같은 극이라면 도선을 감은 방향이 틀린 것이다.

이 전자석으로 무거운 물체를 들어 보자.

막대자석 모양의 것과 전자석의 세기를 비교해 보자(그림 106).

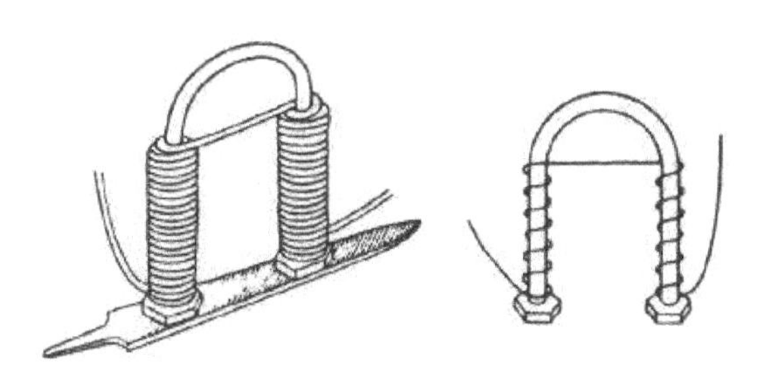

〈그림 106〉

(5) 전자석의 세기를 증가시키는 방법

막대 모양의 쇠 볼트에 도선을 100회 감고 건전지 한 개에 연결하여 전자석을 만들어 몇 개의 못을 들 수 있는지 실험해 보자. 세 번 정도 실험하여 평균 개수를 정한다. 다음에는 건전지를 2개 직렬로 연결하여 같은 전자석으로 실험한다. 몇 개의 못을 들어 올리는가?

전류의 세기를 증가시키면 전자석의 세기는 어떻게 되는가?

이번에는 실험에서 사용했던 전자석에 도선을 100회 더 감아서 200회 감은 전자석을 만들자. 한 개의 건전지에 연결한 뒤 몇 개의 못을 들어 올리는지 실험해 보자. 이번에도 세 번 실험을 하여 평균을 내자. 앞에서 100회만 감은 경우와 비교해 보자.

감은 횟수를 증가시켰을 때 전자석의 세기는 어떻게 되는가?

두 결과를 종합하여 전자석의 세기는 건전지 개수의 증가와 코일의 감은 수 증가에 따라 어떻게 된다고 말할 수 있는가?

(6) 코일에 의한 자기장의 실험

코일을 감은 장치가 1/2 정도 들어가도록 홈을 만든다. 코일의 둘레에 철가루를 고르게 뿌린다. 코일에 전류를 흐르게 한 뒤 손으로 가볍게 두드리면서 철가루가 배열되는 모양을 관찰하자(그림 107).

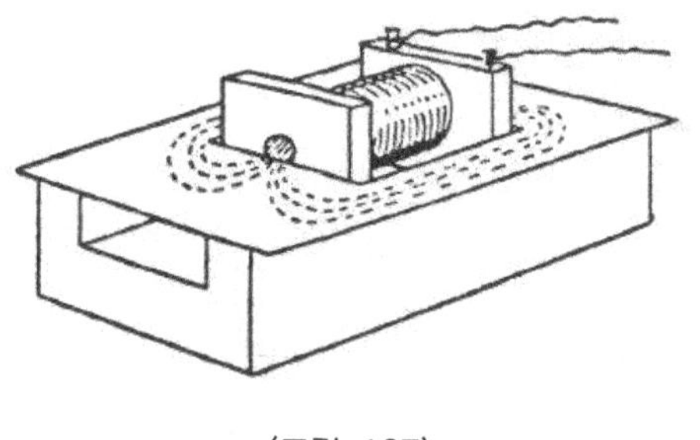

〈그림 107〉

(7) 여러 가지 형태의 전신기 만들기

간단한 준비물을 가지고 전신기나 버저 등을 만들어 보자. 또 두 개의 전신기를 이용하여 신호를 보내 보자(그림 108, 109).

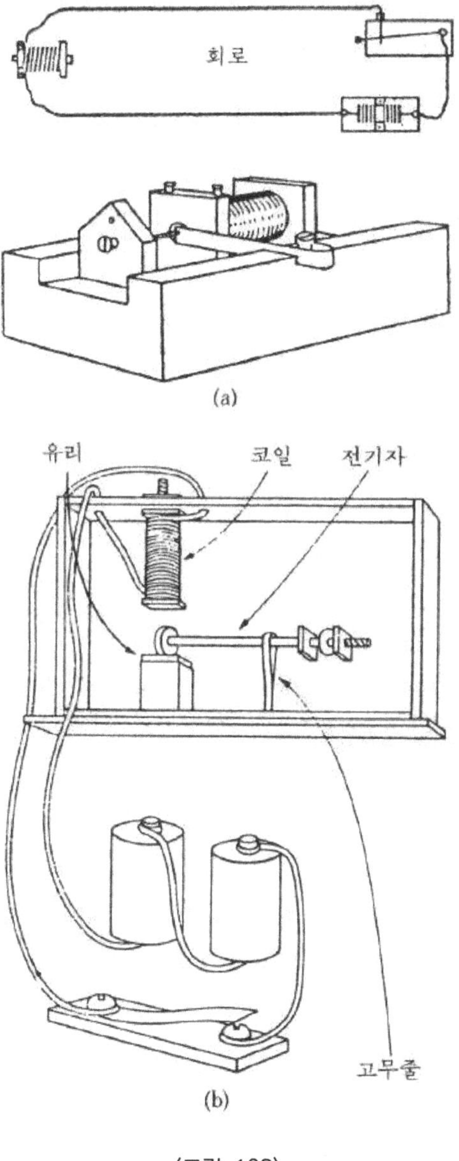

〈그림 108〉

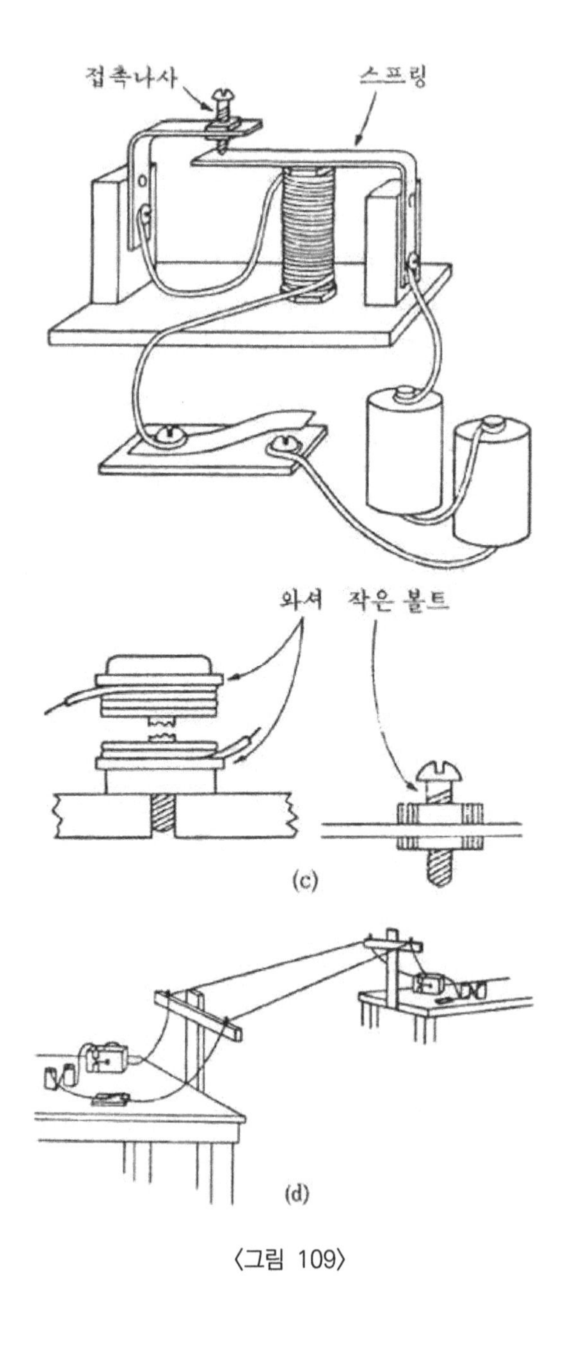

〈그림 109〉

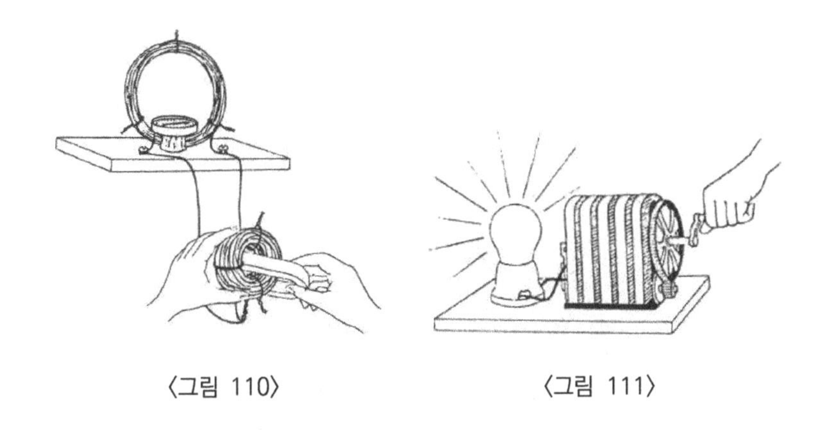

〈그림 110〉 〈그림 111〉

(8) 자석과 코일을 이용한 전기의 발생

50회 이상 감은 원형 코일의 중간에 나침반을 놓고 코일의 양 끝은 충분히 길게 한다. 여기에 또 다른 원형 코일의 양 끝을 연결한다. 자석의 한쪽 극에 코일을 넣었다 했다 하면서 자침의 움직임을 관찰하자. 다음에는 코일은 고정시키고 자석을 넣었다 뺐다 해 보자.

전기가 발생됨을 이해할 수 있는가?(그림 110)

(9) 발전기의 모형

발전기의 모형을 이용하여 전기를 만들어 보자. 손잡이를 천천히 돌릴 때와 빨리 돌릴 때 전구의 밝기는 어떻게 되는가?

발전기 모형의 구조를 자세히 알아보자(그림 111).

(10) 핀과 코르크를 이용한 모터 만들기

코르크에 면도칼로 홈을 파고 가는 코일을 감아서 모터를 만든다. 양 끝에 꽂은 핀이 축의 역할을 한다. 코일의 양쪽 끝

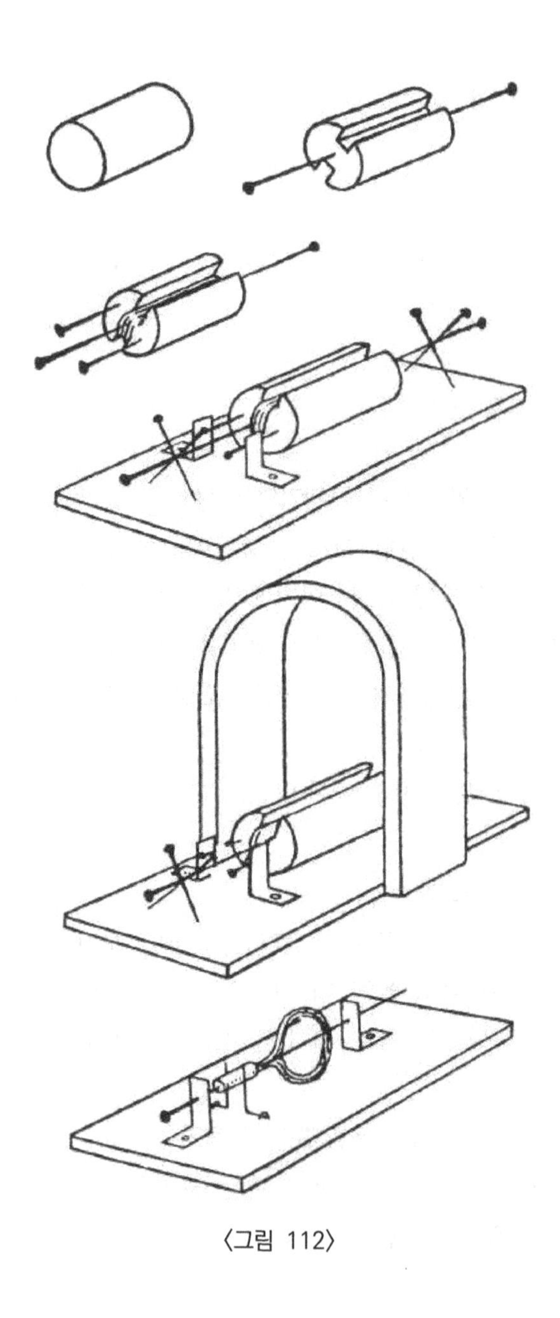

〈그림 112〉

부분은 절연체를 벗겨서 앞쪽에 꽂은 두 개의 핀에 연결한다. 얇은 양철 조각이나 구리 조각으로 브러시를 만든다.

말굽자석을 이 장치 위에 놓고 건전지를 이용하여 모터를 돌려 보자. 좀 더 숙달되면 핀 하나를 써서 만들 수도 있다.

우선 코일을 연필 같은 곳에 감은 후 면으로 된 실로 감는다. 끝 부분도 핀에 둥글게 감은 종이에 놓고 실로 묶는다. 이것이 정류자 역할을 한다. 구부린 양철 조각으로 받치도록 하고 가는 철사는 정류자에 전기를 흐르게 했다 끊었다 한다(그림 112).

(11) 다른 모양의 모터

간단한 이번 모델은 거의 완벽한 전기 모터 역할을 할 것이다. 건전지와 코일만으로 모터를 동작시키게 된다.

바닥은 20×25㎝ 정도의 나무판을 준비 한다. 중앙에 구멍을 뚫어 15.5㎝ 길이의 못을 박는다. 두 개의 15㎝ 길이의 못에 가는 코일을 100회씩 감고 양 끝은 30㎝ 남도록 한다. 이들을 15.5㎝ 떨어지게 바닥에 박는다. 작은 못 두 개를 가운데에서 5㎝ 거리에 박는다. 여기에 코일의 한쪽 끝을 각각 여러 번 감고 그 끝이 가운데에 있는 못에 닿을 정도로 한다. 이것이 브러시 역할을 한다. 전체 장치에서 코일의 감는 방향에 주의를 해야 한다. 전체적인 장치 방법과 코일 감는 방향이 그림에 나와 있다(그림 113).

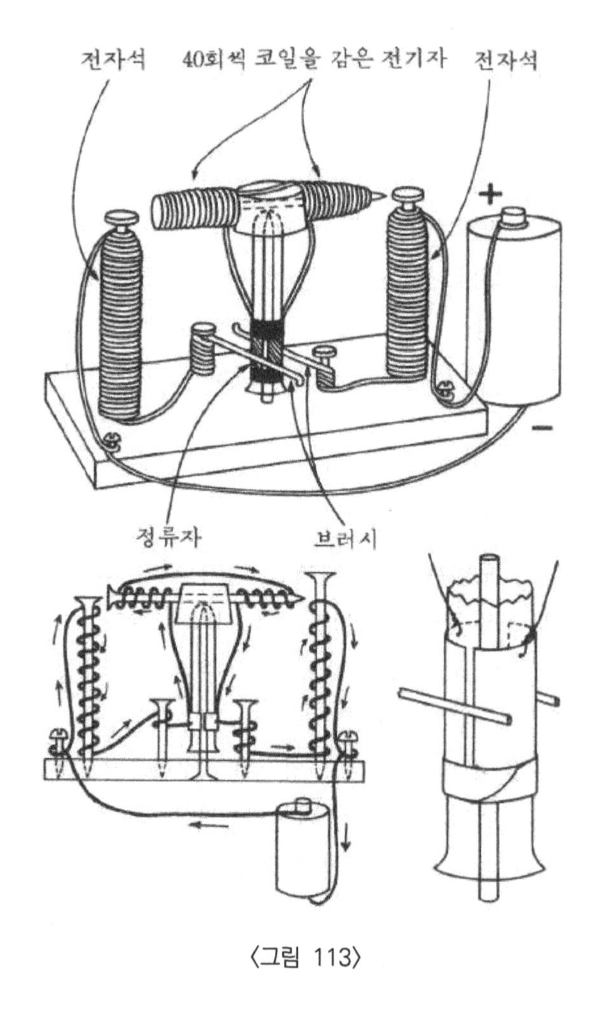

〈그림 113〉

제6장
빛에 관한 실험

A. 빛의 직진

(1) 경로 표시

진흙 길이나 해변 모래사장을 찾아보자. 멀리 있는 물체에 눈을 고정한 채로 물체를 향해서 걸어간다. 발자국이 생긴 모양을 보면 직선임을 알 수 있을 것이다.

이번에는 길이가 25m 정도 되는 끈을 준비하자. 한쪽 끝을 나무에 맨다. 끈을 팽팽히 당겨 눈에 댄다. 끈을 따라서 천천히 쳐다보자. 그러면 끈을 맨 나무가 보일 것이다. 이번에는 끈의 방향이 아닌 곳을 향하면 나무를 볼 수 없을 것이다. 이것은 빛이 물체로부터 직선으로 우리 눈으로 온다는 것을 뜻하는 것이다.

(2) 카드를 이용한 실험

한 변의 길이가 10cm인 정사각형 종이 카드를 4장 만든다. 이 카드를 똑바로 세울 수 있도록 작은 나무토막에 압핀으로 고정시킨다. 카드를 세우고 나란히 놓았을 때 똑바른 직선으로 보이도록 같은 위치에 구멍을 뚫는다. 촛불을 놓고 네 개의 카드 구멍으로 보이도록 한다. 하나의 카드를 옆으로 당긴 뒤 다시 촛불을 보자. 보이는가? 왜 안 보일까? 이것은 어떤 뜻일까?

(3) 바늘구멍 사진기

간단한 바늘구멍 사진기를 깡통과 반투명 종이를 이용해 서 만들어 보자. 검은 종이로 깡통을 씌우자. 어떻게 하면 상이 잘 보이는가 여러 가지로 만들어 보자. 촛불의 상을 만들어 보자. 빛이 직진한다는 것을 어떻게 설명할 수 있는가?(그림 114)

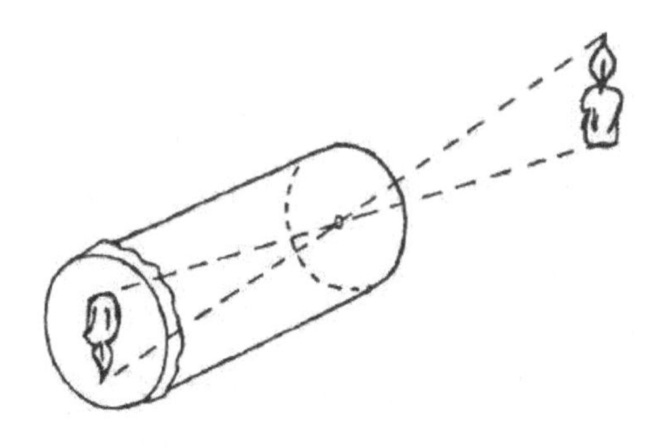

〈그림 114〉

(4) 어둠상자 실험

폭이 30cm, 길이가 60cm 되는 나무 상자를 준비한다. 상자의 위와 앞면을 유리로 덮는다. 뒷면을 열어서 그림에서와 같이 검은 헝겊으로 커튼처럼 막는다. 이 헝겊은 가운데를 자르고 10cm 정도 겹치도록 한다. 상자의 속은 검게 칠한다. 상자의 오른쪽 면 앞쪽에 폭 5cm, 길이 10cm의 창을 낸다. 이곳을 다른 종이로 덮고 핀으로 고정시킨다. 여기에 직경 5mm 정도의 구멍을 세 개 나란히 뚫는다. 상자 속을 연기로 채운다. 연기가 많이 나는 나무나 모기향을 작은 모래 그릇에 담아 상자 모서리 쪽에 넣어두면 된다. 연기 상자 속으로 빛을 통과시켜 보자. 빛이 직진함을 알 수 있는가?(그림 115)

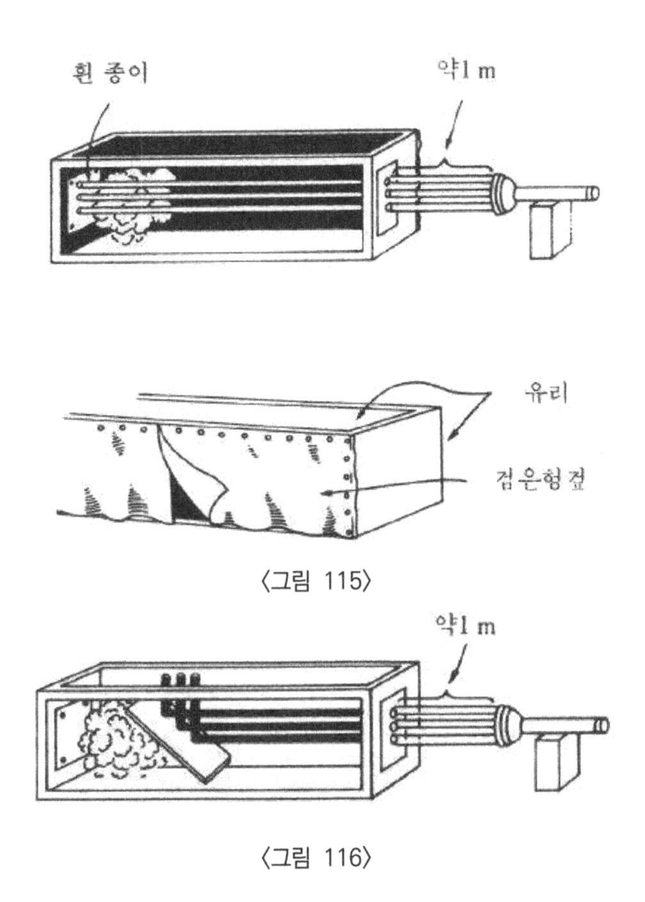

〈그림 115〉

〈그림 116〉

B. 빛의 반사

(1) 어둠상자를 이용한 빛의 반사 실험

앞에서 사용한 상자에 연기를 가득 채운다. 빛을 상자 속으로 통과시키고 빛의 경로에 거울을 비스듬히 놓아 보자. 빛이 이렇게 산란되지 않고 반사하는 경우를 정반사라고 한다(그림 116).

(2) 정반사와 난반사

셀로판지나 은박지를 어느 정도 구겨서 앞에서 실험하는 거울 위에 놓아보자. 빛이 어떻게 반사되는가? 거친 면에서 불규칙하게 반사되는 경우를 난반사라고 한다. 이번에는 거울을 꺼내어 다른 물건을 비쳐보고 눈으로 관찰해 보자. 구겨진 은박지를 거울 위에 놓았을 때에는 그 속에 생기는 물체의 상을 거의 볼 수가 없게 된다(그림 117).

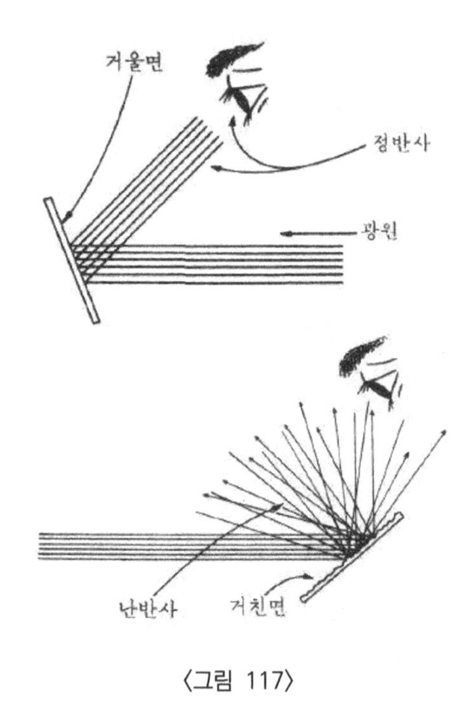

〈그림 117〉

(3) 고무공의 반사

고무공을 마룻바닥이나 벽에 튕겨 보자. 똑바로 던질 때와 옆으로 던졌을 때에 튀어 나오는 각도를 비교해 보자.

(4) 거울에 의한 빛의 반사

햇빛이 비치는 마룻바닥에 거울을 놓아 보자. 거울 면 위에 똑바로 연필을 세우고 빛이 들어오는 각도와 반사되는 각도를 측정해 보자. 어떤 결론을 내릴 수 있는가?

(5) 빛에 반사된 모양 관찰

햇빛이 비치는 곳에 흰 종이를 바닥에 놓고 머리빗을 세워 본다. 그림자의 길이가 수cm 되도록 조정하자. 그림자가 생기는 곳에 거울을 세운다. 거울에 들어오는 그림자의 모습과 반사되는 모양을 관찰하자. 거울의 각도를 돌리면 반사되는 그림자의 각도는 어떻게 되는가?(그림 118)

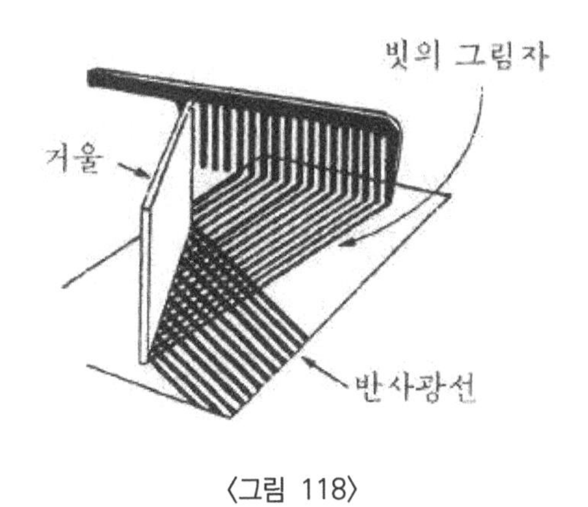

〈그림 118〉

(6) 반사 광선 실험 장치

그림에서와 같이 길이 12cm, 폭 1.5cm의 양철 판을 구부리고 양 끝을 오려낸 후 세워놓는다. 핀을 물체로 사용하고 슬릿을 통해서 상을 찾아보자. 연필로 경로를 그려 보자(그림 119).

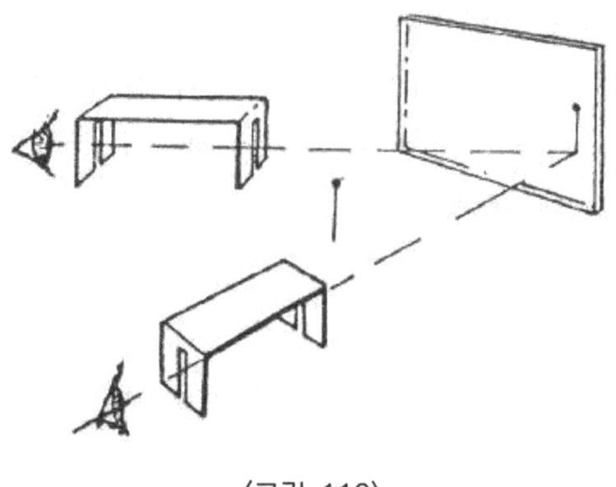

〈그림 119〉

(7) 반사의 법칙

자를 사용해서 종이 위에 점선을 그린다. 다음에 어느 정도 각을 이루도록 해서 직선을 긋는다. 작은 거울을 두 선이 만나는 지점에 세운다. 거울을 회전의 상이 일직선이 되도록 한다. 이번에는 거울 속을 보고 자를 직선의 상과 일치시킨다. 이 선을 연필로 긋고 각도기를 이용하여 양쪽 각을 재어 보자. 여러 번 각도를 바꾸어가며 실험하여 결과를 기록한다. 어떤 결론을 내릴 수 있는가?(그림 120)

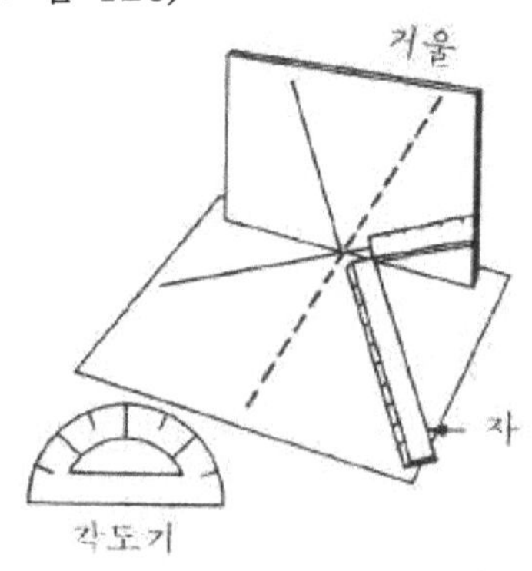

〈그림 120〉

(8) 두 개의 거울에 의한 상

두 개의 거울을 테이프로 붙이고 그림에서와 같이 세운다.

동전을 두 거울 사이에 놓고 상의 수를 세어보자. 거울의 각도를 변화시키면서 생기는 상의 수를 세어보자(그림 121).

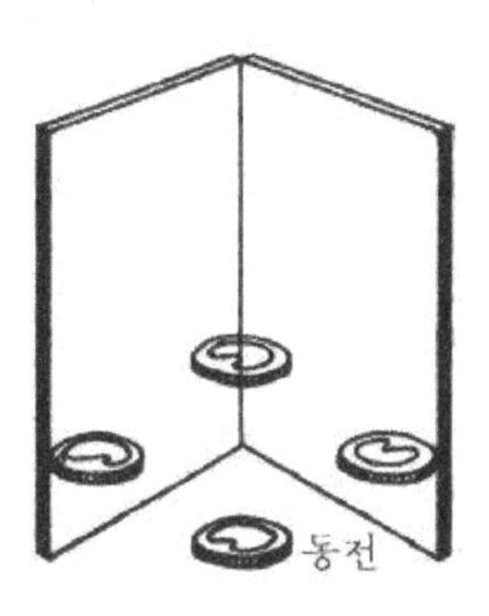

〈그림 121〉

(9) 평행한 두 거울에 의한 상

두 개의 거울을 마주 보도록 세운다. 동전을 사이에 놓고 한쪽 거울을 보자. 얼마나 많은 수의 상이 보이는가? 반대쪽 거울에 생긴 상도 조사해 보자(그림 122).

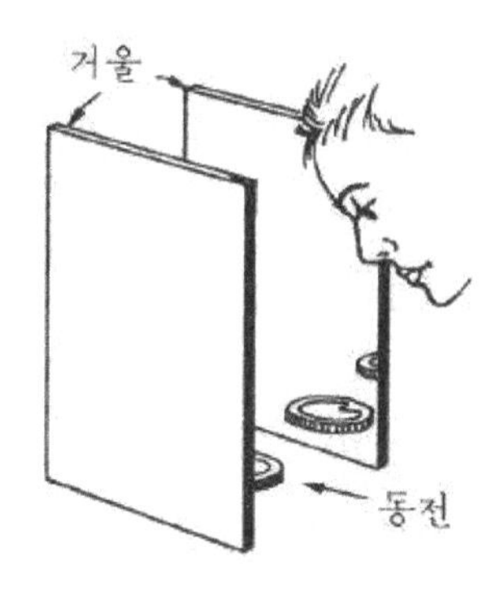

〈그림 122〉

(10) 오목거울과 볼록거울에 의한 반사

평행한 광선을 오목거울과 볼록거울 면에 비쳐보자. 반사된 광선의 경로를 관찰하자(그림 123).

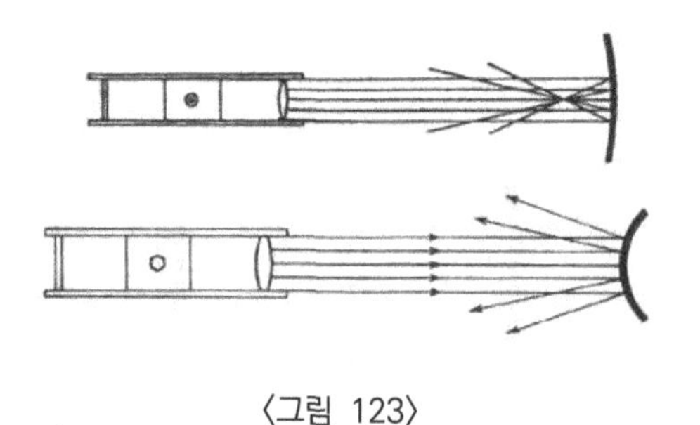

〈그림 123〉

C. 빛의 굴절과 이용

(1) 빛의 굴절

물이 든 수조에 막대를 비스듬히 넣고 위와 옆에서 관찰해 보자. 굽어보이는 까닭은 빛이 물속으로부터 공기 중으로 나올 때 굴절하기 때문이다. 빛은 물속에서보다 공기 중에서 더 빠르므로 굴절 현상이 나타난다.

물이 든 유리컵에 우유를 몇 방울 떨어뜨린다. 검은 종이에 작은 구멍을 뚫어서 그림에서와 같이 햇빛이 비치는 곳에 놓아 보자. 빛이 물속으로 바로 들어가도록 해보고 다음에 검은 종이를 올려서 수면으로 비스듬히 빛이 들어가도록 해 보자. 빛이 어떻게 굴절하는가?(그림 124)

(2) 굴절 실험 장치 만들기

병을 준비하여 검은 페인트로 칠한다. 한쪽 면을 원형으로 긁어내고 물을 원의 가운데까지 채운다. 병의 위쪽에 작은 구

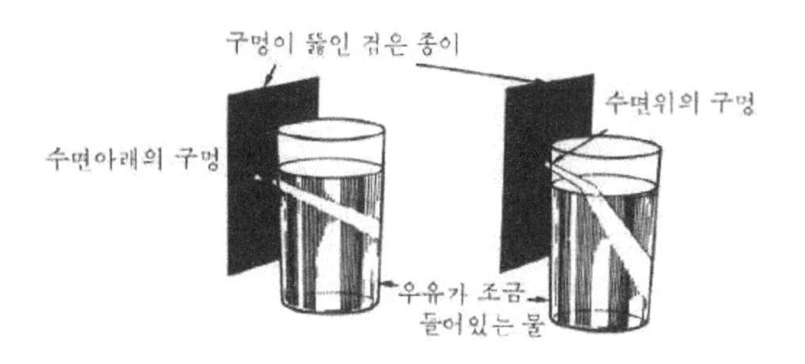

〈그림 124〉

멍이 생기도록 긁어내고 빛을 비춰보자. 물에 우유를 한 두 방울 떨어뜨리면 빛의 경로를 더욱 잘 볼 수 있다. 입사각 과 굴절각을 각도기로 측정해 보자(그림 125).

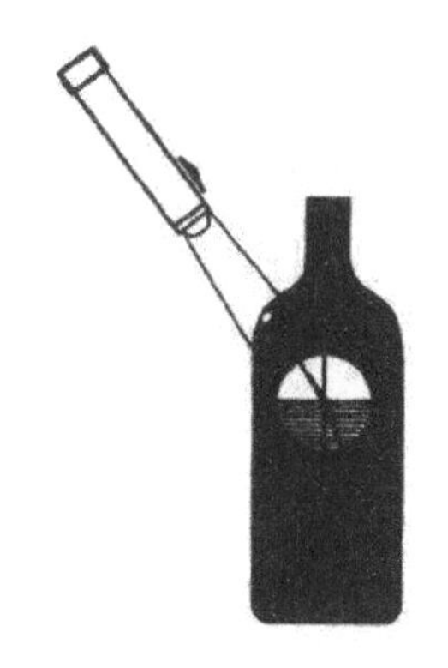

〈그림 125〉

(3) 어둠상자를 이용한 굴절 실험

앞에서 사용한 어둠상자를 이용하여 그림에서와 같이 굴절 실험을 해 보자. 병의 기울기를 바꾸어 가면서 빛의 경로를 조사한다. 이번에는 빛의 경로에 오목 렌즈, 볼록 렌즈를 놓아보자. 빛의 경로가 어떻게 변하는지 그려 보자(그림 126).

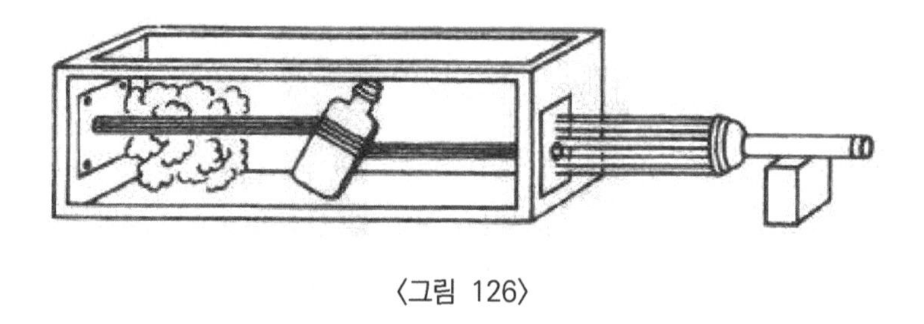

〈그림 126〉

(4) 렌즈에 의한 확대

연필을 물이 든 유리컵에 넣고 옆에서 관찰한다. 어떻게 보이는가? 고기를 둥근 어항 속에 넣고 위에서 볼 때와 옆에서 볼 때의 크기를 비교해 보자.

(5) 렌즈의 배율 측정

줄이 쳐진 종이를 확대경으로 보자. 렌즈 밖으로 본 줄의 수와 렌즈 속으로 본 줄의 수를 비교해 본다. 그림에서 보는 렌즈는 3배 확대된 것이다(그림 127).

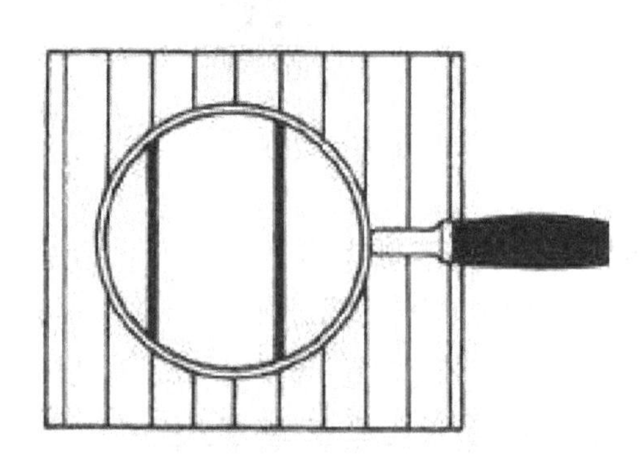

〈그림 127〉

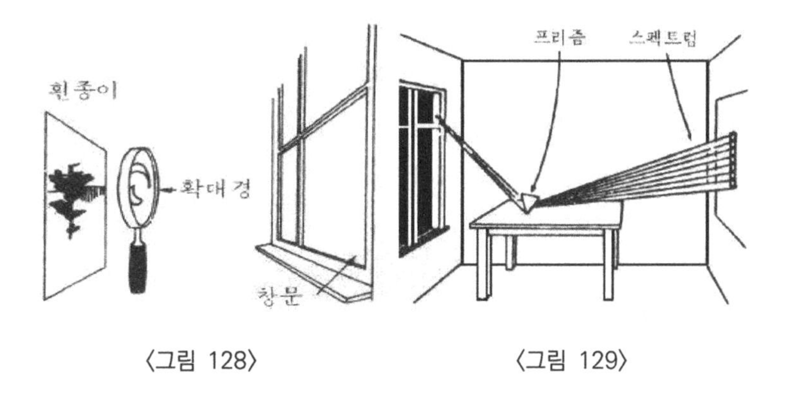

〈그림 128〉 〈그림 129〉

(6) 렌즈에 의한 상

한쪽 창문을 제외하고 다른 창문은 어둡게 가린다. 볼록 렌즈를 창문 쪽으로 향하도록 잡고 흰 종이를 가져가서 상이 생기도록 움직여 보자. 어떠한 상이 생기는가?

렌즈를 세울 수 있는 장치를 만들어서 렌즈와 상의 위치를 바꾸어 가면서 여러 가지 상을 만들어 보자(그림 128).

D. 색에 관한 실험

(1) 햇빛의 색

햇빛이 어두운 방으로 조금 들어오게 한다. 구멍을 조그맣게 뚫은 검은 종이로 창을 가린다. 프리즘을 햇빛에 닿게 하고 반대쪽 벽에 나타나는 스펙트럼을 관찰해 보자. 어떤 색이 나타나는가?(그림 129)

(2) 다른 방법으로 스펙트럼 만들기

깊이가 얼마 안 되는 물통을 햇빛이 잘 비치는 곳에 놓는다. 작은 손거울을 물통 가장자리에 비스듬히 넣어 스펙트럼이 벽에 나타나도록 해 보자(그림 130).

〈그림 130〉

(3) 무지개 만들기

물이 가득히 들어 있는 유리컵을 햇빛이 잘 드는 창가에 놓는다. 바닥에 흰 종이를 놓고 컵의 위치를 조절하여 종이 위에 무지개가 나타나도록 해 보자.

제7장
소리에 관한 실험

A. 소리의 발생과 전달

(1) 진동체에 의한 소리 발생

가장자리에 구멍이 뚫린 자를 준비하고 여기에 튼튼한 실을 맨다. 손으로 실을 붙잡고 자를 돌린다. 점점 빨리 돌리면 어떤 소리가 나는가? 같은 실험을 자와 실을 바꾸어 가면서 반복해 보자. 좀 더 쉽게 하려면 손으로 잡은 실을 다른 나무토막이나 자에 매어서 돌리면 된다.

이번에는 막대 자를 책상 위에 놓고 가장자리로 3/4정도 나오게 한다. 한쪽 손으로 자의 끝을 누르고 다른 쪽 손으로 자를 휘었다 놓는다. 자가 진동할 것이다. 어떤 소리를 들을 수 있을까? 이번에는 자를 반쯤 나오게 한 뒤 같은 실험을 해 보자. 이와 같이 자의 길이를 여러 가지로 달리해서 실험해 보자.

이 실험에서 소리는 진동에 의해서 발생한다는 결론을 얻을 수 있다. 진동체가 귀에 닿는 공기를 진동시켜 소리를 듣게 된다.

(2) 진동체의 의미

납이나 쇠 또는 작은 잉크병 같이 무겁고 작은 물체를 준비한다. 이것을 길이 1m 정도의 실에 맨다. 실의 다른 끝을 창틀에 매어 흔들리는 진자를 만든다. 1분에 몇 번 흔들리는가?

실의 길이를 짧게 하고 주기를 측정해 보자. 실의 길이가 짧을수록 물체는 더욱 빨리 흔들린다.

추시계나 메트로놈 같은 것을 준비하자. 이러한 기구들의 진동수를 측정해 보자. 진동수가 점점 커져서 1초에 16회 이상이 되면 주위의 공기도 진동하여 낮은 음을 내기 시작한다.

사람이 들을 수 있는 고음은 초당 20,000번 진동하는 소리이다.

장난감 사이렌 자동차도 빨리 달릴수록 소리가 높아진다. 빈 병에 입 바람을 세게 불어 보자. 이러한 실험을 크기가 다른 여러 가지 병을 이용하여 해 보자.

(3) 공기에 의한 소리의 전달

교실 안에서 호루라기를 불고 다른 사람이 같은 교실에 있으면 그 소리를 분명히 들을 수 있다. 그러나 다른 교실에 가서 들으면 분명하게 들리지는 않는다. 진공 장치 속에 전종과 수신 장치를 넣고 소리를 들으면 처음에는 잘 들린다. 그러나 공기를 점차 빼내면 소리가 들리지 않게 된다. 이것은 무엇을 뜻하는가? 다시 공기를 조금씩 넣으면 소리가 들리기 시작한다. 기다란 고무호스를 준비하자. 한쪽에서 말하도록 하고 다른 끝에서 들어보자. 호스 속의 공기가 소리를 전달한다. 이러한 원리로 함정에서는 파이프를 통해서 지시하는 경우가 많다.

(4) 고체에 의한 소리의 전달

두 개의 깡통을 준비하여 뚜껑을 떼어낸다. 각각의 바닥 가운데에 조그만 구멍을 뚫는다. 수 m 길이의 실을 꿰고 실의 끝에는 성냥개비를 매어 실이 빠져 나가지 않도록 한다. 이렇게 만든 깡통을 장난감 전화로 사용하자. 한쪽에서 말하고 다른 한쪽에서는 들어 보자. 소리가 실을 따라 전달되어 깡통 속의 공기로 전달된다. 깡통의 바닥면이 진동판 역할을 한 것이다.

이러한 실험은 성냥갑에 담뱃갑의 셀로판지를 붙여서 할 수도 있다.

(5) 숟가락을 이용한 종소리

1m 정도 되는 실을 준비한다. 여기에 숟가락을 매달아 균형이 되도록 한다. 실의 양 끝을 손가락에 매고 손가락을 귀에 댄다.

숟가락을 자유롭게 매달리게 하고 못이나 또 다른 숟가락으로 두드려 보자. 교회 종소리와 비슷한 소리가 들릴 것이다. 이때에도 소리가 실을 따라 귀에 전달되는 것이다(그림 131).

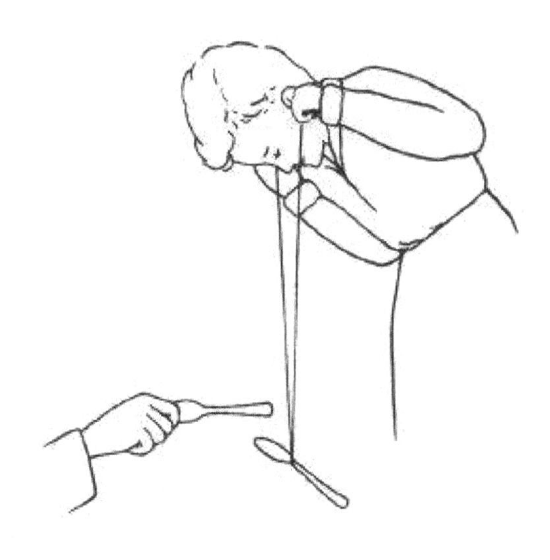

〈그림 131〉

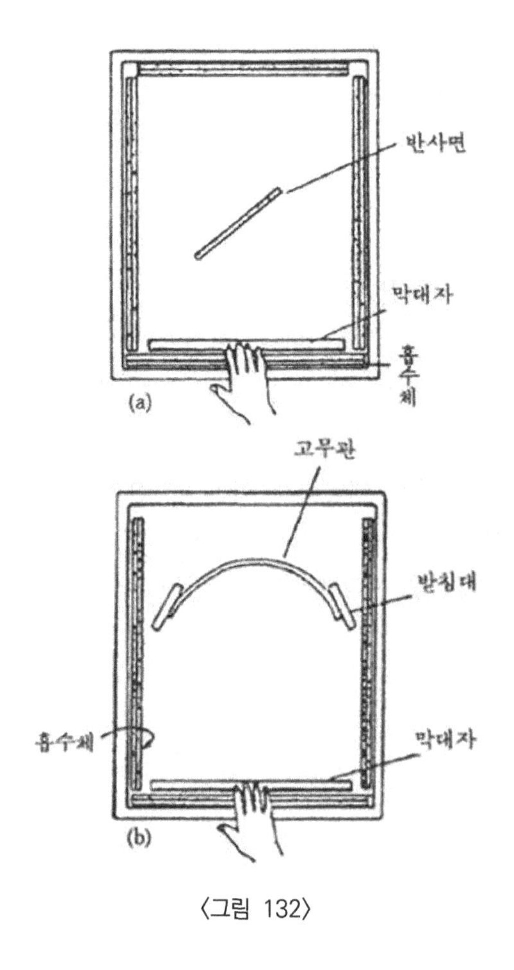

〈그림 132〉

(6) 액체에 의한 소리의 전달

귀가 물에 잠기도록 머리를 수영장 물이나 바다 또는 욕조에 숙인다. 그리고 다른 사람은 좀 떨어진 물속에서 깡통을 두드리거나 종을 울린다. 물속을 통해서 소리를 정확히 들을 수 있다.

실제로 물속에서는 공기 중에서보다 소리가 4배나 빠르게 전달된다.

(7) 소리의 렌즈 역할을 하는 고무풍선

고무풍선을 입으로 불어서 크게 만든다. 손으로 잡고서 풍선 속에 이산화탄소 기체를 일부 넣는다. 풍선을 귀와 시계 사이에 놓는다. 그러면 시계 소리를 그냥 듣는 것보다 더 잘 들을 수 있다. 그 이유는 음파가 공기 속을 지날 때보다 무거운 이산화탄소 기체 속을 지날 때 더 느리게 진행하기 때문이다.

즉, 고무풍선은 음파를 모으는 렌즈 역할을 한다. 고무풍선 속에 수소 기체를 채우고 같은 실험을 해 보자.

(8) 파동의 반사

아래 그림과 같이 반사체를 평면 파면과 임의의 각도로 놓는다. 평면파를 반사시켜서 입사 파면과 반사 파면이 반사면과 이루는 각의 크기를 비교하여 보자. 이번에는 구면파를 만들어서 반사시켜 보자. 고무관을 구분해서 포물면 반사체를 만든다. 평면파를 만들어 포물면에서 반사되는 모습을 관찰해 보자(그림 132).

(9) 파동이 진행하는 모습

파동에 의해서 에너지가 전달되는 모양은 수면을 통해서 전달하는 모양을 관찰하면 알 수 있다. 호수나, 연못, 항구 같은 곳에서 흔히 볼 수 있는 현상으로 소리는 물론 빛이나 전파 등의 여러 현상을 설명하는 데 많은 도움을 준다. 보다 자세한 실험을 실험실에서 수파 투영 장치로 할 수 있다(그림 133).

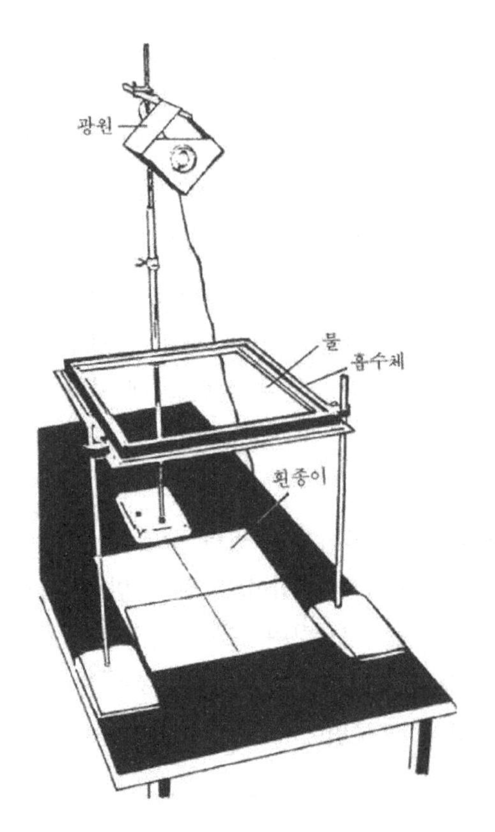

〈그림 133〉 수파투영 장치

B. 소리의 기록과 재생

(1) 음파의 모양

1초 동안에 파동의 매질이 진동하는 횟수를 진동수 또는 주파수라고 한다. 진동수가 다른 여러 가지 소리의 합성 모양은 물결파의 경우와 유사하다. 해파는 파장이 긴, 즉 진동수가 적은 파동이다. 보트에 의한 파동은 해파보다 진동수가 크다. 미풍에 의한 물결파는 주기가 더욱 작다. 이들이 서로 합성된 예시는 〈그림 134〉와 같다.

마찬가지로 진동수가 다른 여러 음파가 새로 겹쳐질 때도 유사한 모양이 된다.

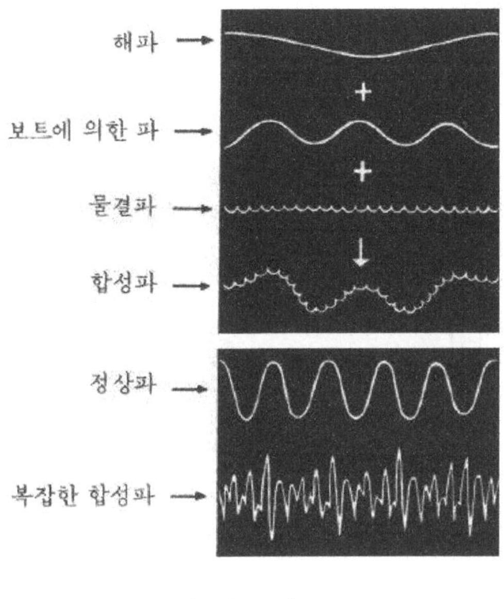

〈그림 134〉

(2) 소리굽쇠에 의한 파동

소리굽쇠의 끝에 접착제로 가느다란 철사를 고정시킨다. 소리굽쇠도 고정시켜서 책상 면과 수평으로 한다. 작은 유리판에 촛불로 그을음을 입힌다. 소리굽쇠 끝의 철사가 그을음을 입힌 유리판에 닿도록 한다. 소리굽쇠를 진동시켜서 유리판에 그 모양이 기록되는지 확인한다. 같은 방법으로 실험을 하면서 유리판을 끌어 보자. 종류가 다른 소리굽쇠를 사용하여 끄는 속도도 달리해가며 실험을 해 보자. 파고가 높을수록 큰 소리가 된다(그림 135).

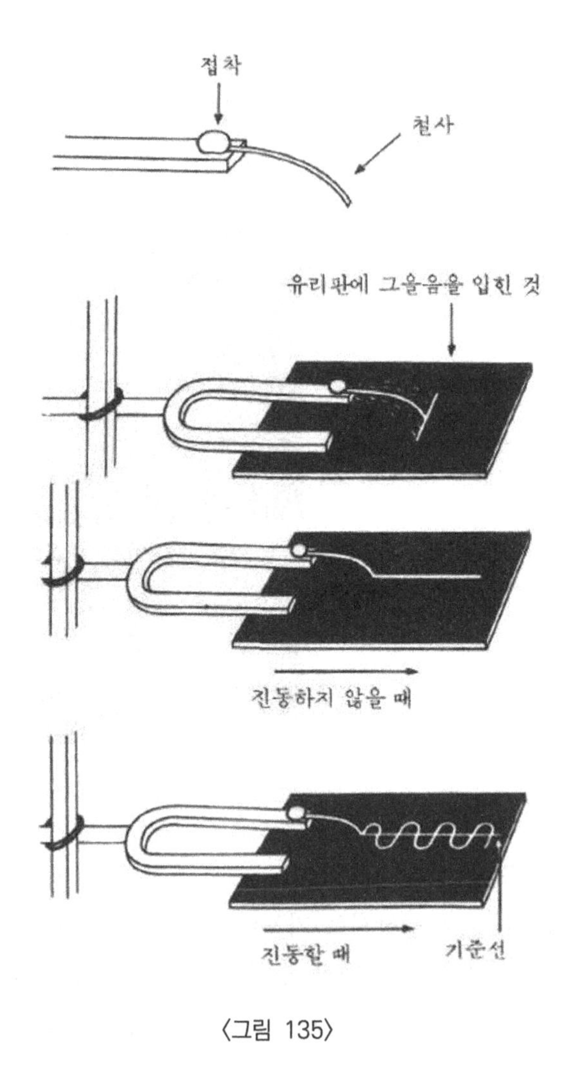

〈그림 135〉

(3) 전축에 의한 음의 재생

회전수가 분당 78회용인 레코드판과 확대경을 준비한다. 확대경을 통해서 보면 레코드판에 수많은 홈이 있음을 알 수 있다. 여러 종류의 회전수가 다른 레코드판에서 홈을 비교해 보자.

이번에는 레코드판을 정상 속도로 회전시키자. 손톱 끝을 레코드판 위에 살며시 대고 조용히 들어 본다. 음악 소리를 들을 수 있는가? 손톱이 흔들리는 것을 느낄 수 있는가? 레코드판에 파여 있는 홈을 따라 손톱이 진동하고 있으며 녹음된 소리가 재생되고 있는 것이다(그림 136).

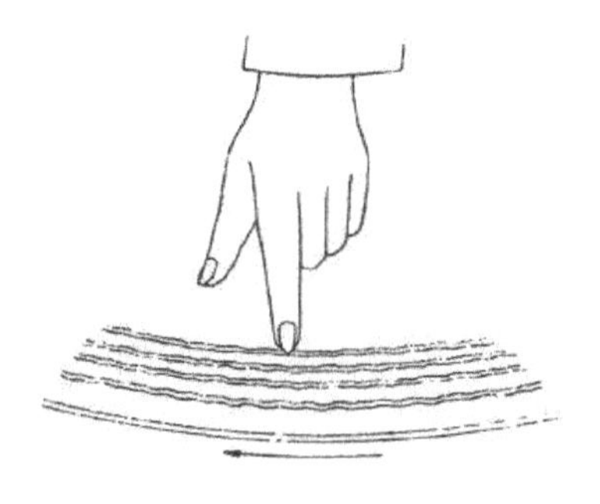

〈그림 136〉

(4) 간이 확성기

작은 종이 상자나 성냥갑의 모서리에 전축 바늘을 꽂는다. 이것을 회전하고 있는 레코드판에 대보자. 이것은 앞의 손톱 실험을 전축 바늘로 대신 실험하는 것이다. 소리가 크게 들리는가?(그림 137)

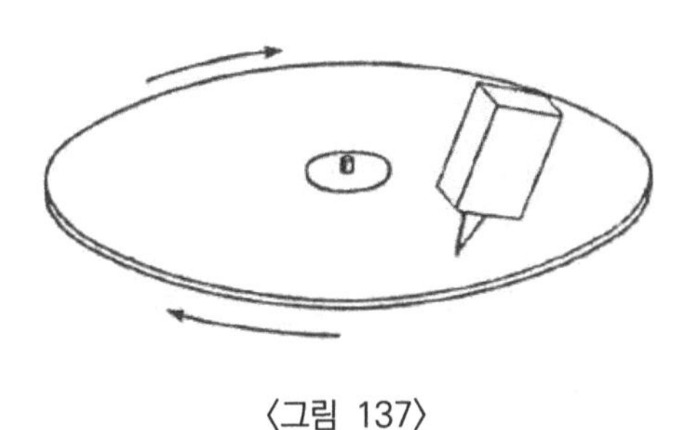

〈그림 137〉

(5) 또 다른 간이 확성기

종이뿔을 이용하여 훌륭한 확성기를 만들 수 있다. 가로와 세로가 각각 40cm 정도의 종이를 준비한다. 이것을 삼각뿔 형태로 말아서 종이 끝을 접는다. 그림에서와 같이 바늘을 그 끝에 꽂는다. 이것을 회전하는 레코드판 위에 살며시 대보자. 이렇게 만든 간단한 장치로 방 안에 있는 모든 사람이 음악 소리를 들을 수 있다(그림 138).

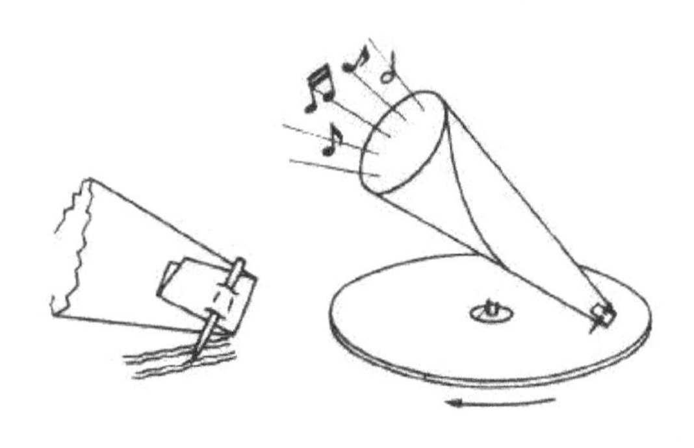

〈그림 138〉

(6) 소리의 기록

앞에서 우리는 목소리는 물론 여러 가지 소리는 물체의 진동에서 생겨나며 파동의 모양으로 전달됨을 알았다. 종이 카드를 입 가까이에 대고 말을 해 보자. 종이가 진동하는 것을 느낄 수 있다. 종이컵의 바닥을 떼어내고 얇은 종이나 고무판을 붙인다. 입 가까이에 대고 말을 해 보면 역시 진동하는 것을 느낄 수 있다.

원반을 회전시키면서 진동 모습을 기록한 것이 레코드판 이다. 토마스 에디슨은 처음으로 이렇게 하여 축음기를 만들었다.

소리를 기록한 뒤 그 반대로 다시 소리를 재생하였다. 오래된 축음기에서 그 속의 얼개를 쉽게 볼 수 있다(그림 139).

〈그림 139〉

제8장
물을 이용하는 실험

A. 정지 상태의 물과 운동 상태의 물

(1) 압력의 뜻

발바닥 아래에 종이를 놓고 발 모양을 그리자. 모눈종이를 이용하여 면적을 계산하고 몸무게를 측정하여 단위 ㎠ 당 작용하는 힘을 계산한다. 몸무게의 절반이 한쪽 발에 작용하며, 한쪽 발로만 서 있으면 압력이 두 배로 증가하는 셈이다.

(2) 무게와 압력의 차이

하나는 크고 다른 하나는 작은 육면체의 나무토막을 만들어서 아래 그림과 같이 붙인다. 이것을 진흙판 위에 놓고 같은 힘으로 눌러 보자. 깊이의 차이로 압력의 차이를 알 수 있다(그림 140).

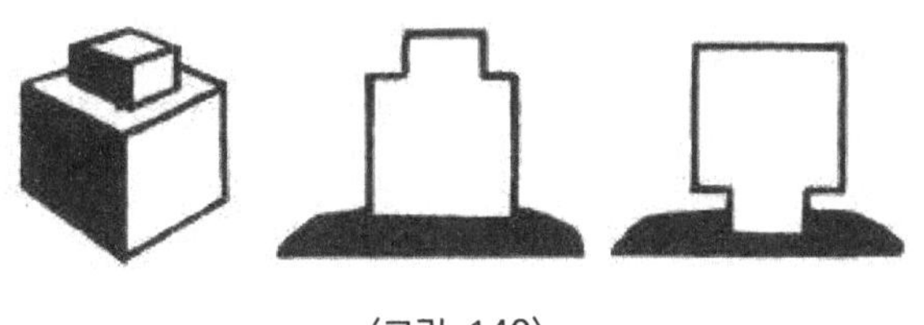

〈그림 140〉

(3) 물의 압력을 알아보기

15cm 정도의 유리관과 고무관을 이용하여 다음의 그림과 같이 위쪽으로 장치한다.

유리관 속에 깊이 6~8cm 정도로 물감을 탄 물을 넣는다. 이것이 압력계 역할을 한다. 작은 깔때기의 입구를 얇은 고무막으로 막고 실이나 고무줄로 묶는다. 이 깔때기를 고무관에 연결하고 깊이 30cm 정도의 물통에 넣어가면서 압력계의 모습을 관찰하자. 깊이에 따라 압력이 어떻게 변하는가? 물통 속에 든 액체를 알코올로 바꾸고 실험해 보자. 압력이 액체에 따라 달라지는가?(그림 141)

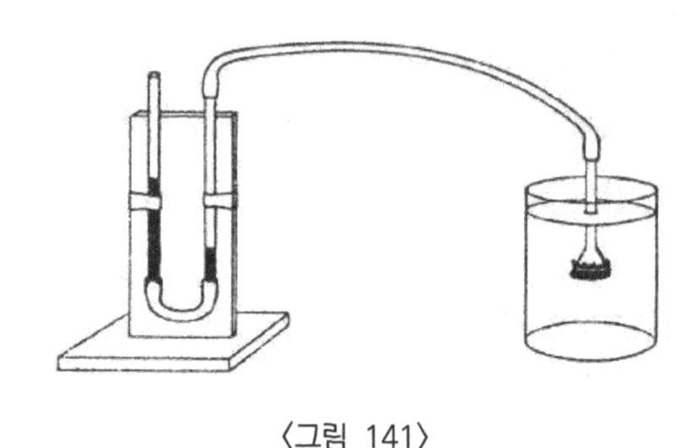

〈그림 141〉

(4) 수압 실험

높이가 큰 깡통을 준비 한다. 위쪽에서부터 3cm 간격으로 차례로 구멍을 뚫는다. 스카치테이프로 구멍을 막은 후 물을 채운다. 아래에서부터 차례로 스카치테이프를 떼어가며 물이 떨어지는 모양을 관찰하자. 깊이에 따른 수압의 크기는 어떠한가?(그림 142)

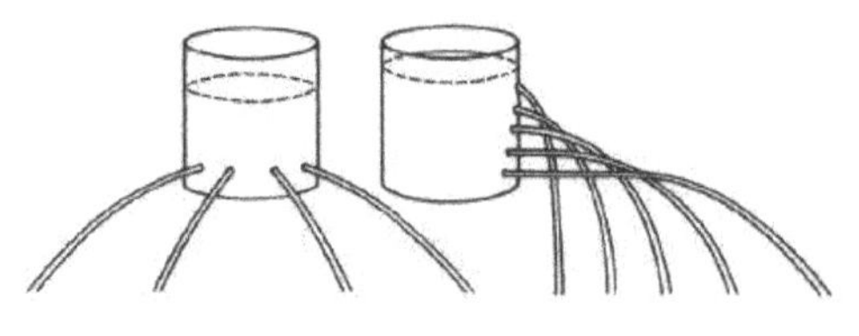

〈그림 142〉

(5) 어떤 깊이에서 상하로 작용하는 수압은 같다

직경 4cm, 길이 15cm의 유리관을 준비한다. 기름종이를 가로 세로 5cm 크기로 자른다. 가운데에 테이프로 실을 붙인다. 유리관의 아래쪽에 종이를 대고 실을 당긴 채 수조 물속에 넣는다. 물이 스며들지 않도록 해야 한다. 실을 놓고 이제 물감을 탄 물을 유리관 속에 부으면서 어느 높이가 될 때 종이가 떨어져 나가는지 관찰해 보자.

(6) 물기둥의 높이

높이는 비슷하고 크기와 모양이 다른 여러 개의 유리병을 준비한다. 병의 바닥을 잘라내고 거꾸로 세운 후 유리관과 고무관으로 아래 그림과 같이 연결한다. 한쪽 유리병에 물감을 탄 물을 부어 보자. 각각의 높이는 어떻게 되는가? 이것은 수압이 병의 크기나 모양에 무관하며 깊이에만 관계됨을 보여주는 실험이다(그림 143).

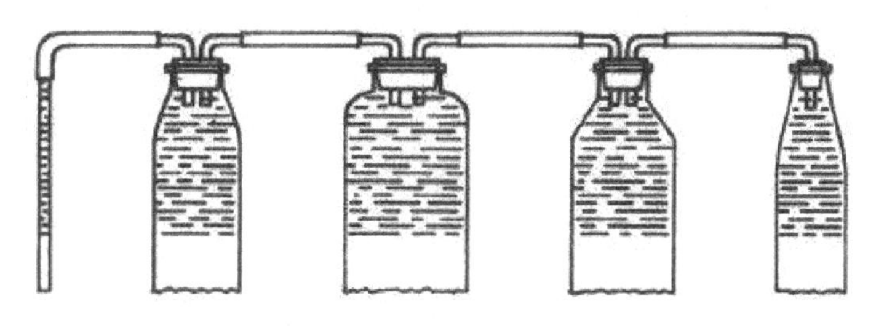

〈그림 143〉

(7) 물 터빈과 물레방아

바닥을 잘라낸 유리병을 준비하고 유리관을 구부려 아래 그림과 같이 장치한다. 실에 매단 후 물을 채워 보자. 어느 방향

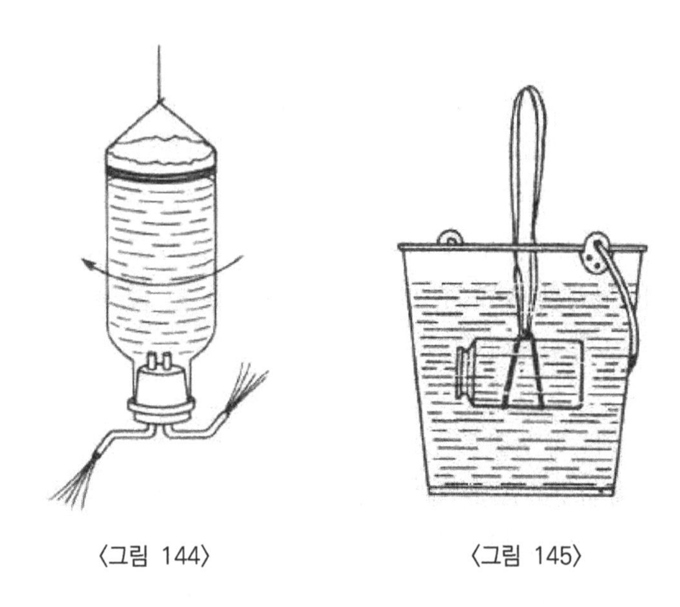

〈그림 144〉 〈그림 145〉

으로 병이 회전하는가?

이번에는 물을 이용하여 물레방아를 만들어 보자.

양철 판이나 얇은 나무판을 이용하여 날개를 만들자. 여러 가지 모양의 물레방아를 만들어서 실험해 보자(그림 144).

B. 물에 뜨는 것과 가라앉는 것

(1) 부력

입구가 완전히 막힐 수 있는 병을 준비한다. 물을 가득 채 우고 뚜껑을 막는다. 고무줄로 매어서 공기 중에서 늘어나는 길이와 물속에 넣었을 때 늘어나는 길이를 비교해 보자. 이러한 실험은 앉은뱅이저울을 이용하여 보다 정밀하게 할 수 있다. 돌멩이를 매달아 얼마의 차이가 나는지 실험해 보자(그림 145).

(2) 재미있는 실험

길이가 긴 유리병을 준비한다. 물을 거의 가득 채우고 스포이트의 고무를 넣는다. 이 때 스포이트의 고무는 물 위로 겨우 잠기도록 잘라내어 크기를 조절한다. 병의 주둥이를 고무막으로 씌우고 고무줄로 동여맨다.

손으로 고무판을 살짝 눌러 보자. 물속에 들어 있는 물체가 어떻게 되는가?(그림 146)

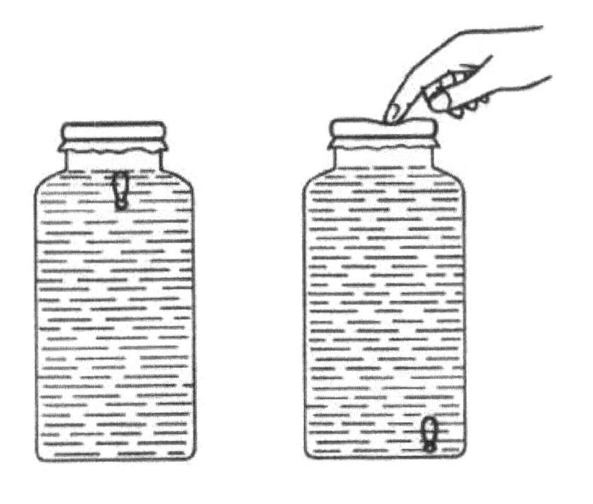

〈그림 146〉

(3) 부력의 측정

용수철저울을 이용하여 돌멩이의 무게를 측정해 보자. 이번에는 물통에 구멍을 뚫은 곳까지 물을 가득 채우고 돌멩이를 넣었을 때 흘러넘친 물의 양을 측정할 수 있도록 장치한다. 돌멩이를 용수철저울에 매단 채로 물속에 넣었을 때 저울의 눈금을 읽어 보자. 또 넘쳐 나온 물의 무게만을 측정하여 줄어든 무게와 비교해 보자. 돌멩이 대신에 다른 물체를 이용하여 같은 실험을 해 보자.

(4) 달걀 띄우기

맑은 물이 들어 있는 유리컵에 달걀을 넣어 보자.

어떻게 되는가? 이번에는 소금을 조금씩 넣어가며 저은 후에 달걀을 넣어보자. 소금물에서는 어떤 현상이 나타나는가?(그림 147)

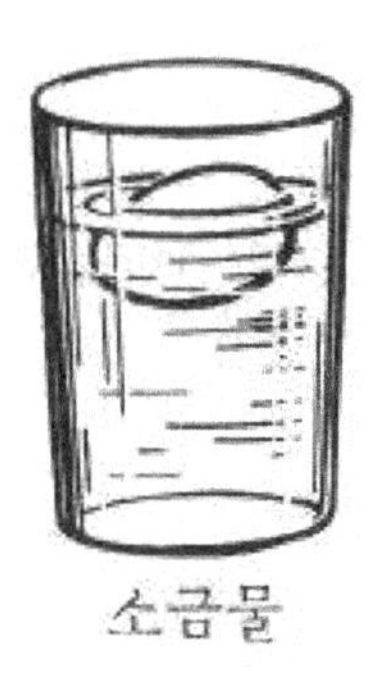

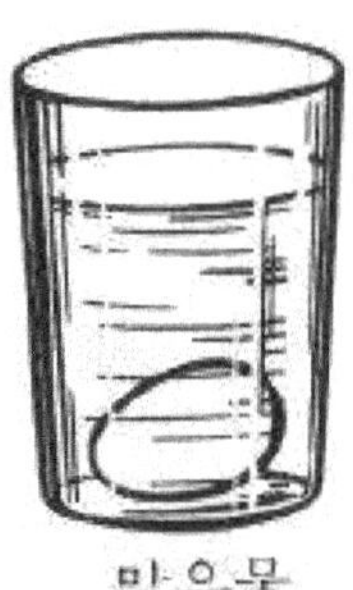

〈그림 147〉

제9장
대기와 대기압 실험

A. 공기가 있는 곳을 알아보기

(1) 입구가 좁은 병을 준비하여 물속에 거꾸로 세워 넣어 보자. 물속에서 천천히 병을 똑바로 해 본다. 어떤 현상이 나타나는가? 병 속은 비어 있을까?

(2) 한 줌의 흙을 물속에 넣고 관찰해 보자. 흙 속에도 공기가 있다는 증거를 찾아볼 수 있는가?

(3) 벽돌을 물속에 넣어 보자. 벽돌 속에 공기가 있다는 증거를 알 수 있는가?

(4) 유리컵에 물을 담고 자세히 관찰하자. 이것을 따뜻한 곳에 여러 시간 놓아두었다가 다시 한 번 관찰하자. 어떤 차이를 볼 수 있는가? 물속에 공기가 있는 증거를 찾을 수 있는가?

B. 공기의 상승을 알아보기

(1) 병과 깔때기를 준비하자. 깔때기를 병위에 올려놓고 둘레의 틈에 진흙을 바른다. 젖은 진흙이 완전히 밀봉하고 있는지 확인하자. 깔때기 속에 서서히 물을 붓자. 어떤 현상을 관찰할 수 있는가? 공기의 어떤 성질을 나타내는 것일까?(그림 148)

(2) 앞의 실험을 다시 하여 이번에는 물이 거의 꼭대기까지 올라오도록 넣자. 작은 못으로 조심스럽게 진흙에 구멍을 내

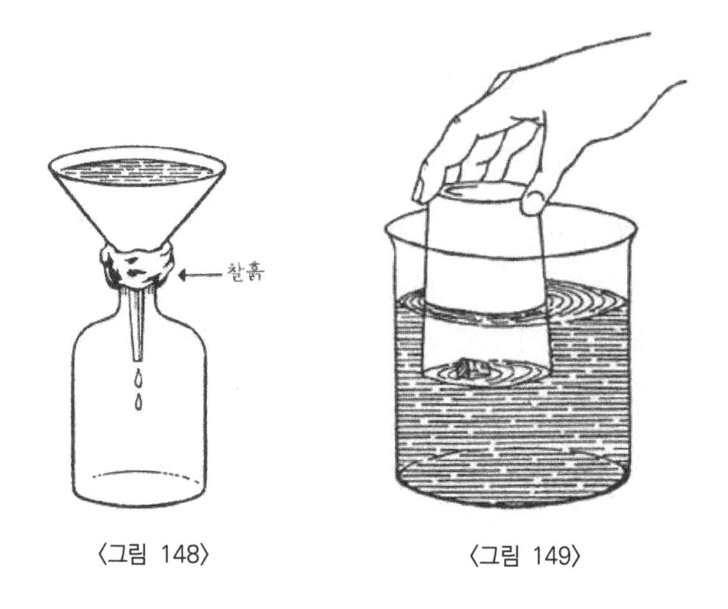

〈그림 148〉 〈그림 149〉

어 병 속까지 뚫는다. 어떤 현상이 나타나는가?

(3) 물이 반쯤 들어 있는 큰 유리그릇 속에 코르크 마개를 띄우자. 유리컵을 거꾸로 하여 그 위에 덮는다. 어떻게 되는가? 종잇조각을 컵의 바닥에 꼭 끼게 넣고 다시 해 보자. 종이가 젖는가?(그림 149)

(4) 어항이나 큰 그릇에 물을 거의 가득 채운다. 컵을 한 손에 들고 거꾸로 세워 물속에 넣는다. 다른 한 손으로 또 다른 컵을 물속에 넣고 바로 세워서 물이 들어가도록 한다. 이것을 다른 손에 있는 컵 위로 가져가고 공기가 든 컵을 서서히 기울여 공기가 올라오게 한다. 이것을 물이 든 컵으로 받아 보자. 이것은 공기의 어떤 성질을 나타내는 것일까?(그림 150)

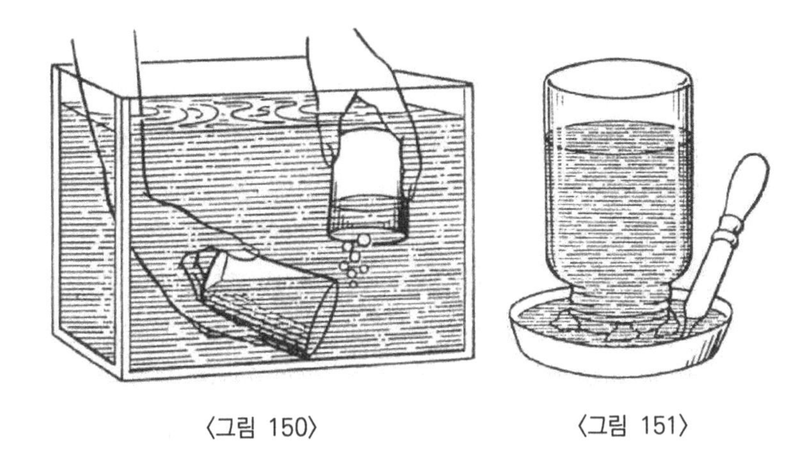

〈그림 150〉 〈그림 151〉

(5) 유리병과 어항을 준비한다. 유리병에 물을 채워서 수족관 속에 거꾸로 세우자. 고무관이나 빨대를 병의 입구에 대고 입김을 불어본다. 이것으로 공기의 어떤 성질을 알 수 있을까?

(6) 물이 가득히 들어 있는 유리병을 얕은 물그릇에 거꾸로 세운다. 이것은 처음에 병에 물을 채운 뒤 그 위를 유리나 딱딱한 종이로 덮고 물그릇에 거꾸로 세운 뒤 아래에 있는 덮은 것을 빼내면 된다. 병을 조금 기울이고 스포이드 끝을 그 아래에 넣는다. 스포이드를 여러 번 눌러 공기를 보내자. 이것으로 공기의 어떤 성질을 알 수 있을까?(그림 151)

(7) 병과 이에 꼭 맞는 코르크나 고무마개를 준비한다. 병에 공기 방울이 전혀 들어가지 않도록 하여 물을 가득 채운다. 병을 옆으로 돌리고 코르크로 막아서 공기 방울이 없어지도록 해 보자. 어떤 현상을 볼 수 있는가? 이것은 공기의 어떤 성질을 나타내는 것일까?

C. 공기가 무게를 갖는다는 것을 알아보기

크기가 같은 플라스크 2개를 준비한다. 고무마개에 유리관을 꽂고 끝 부분에는 고무관을 연결하여 클램프를 단다. 양팔저울에 올려놓아 두 플라스크가 완전한 평행을 유지하도록 라이더로 조정해 둔다. 한쪽 플라스크를 내려서 클램프를 열고 그 끝에 고무풍선을 단다. 알코올램프로 가열하면 고무풍선이 부풀어 오른다. 어느 정도 가열한 후 클램프로 고무관을 막는다. 고무풍선을 빼고 처음에 평행을 유지했던 양팔저울에 올려놓아 보자. 공기를 뺀 쪽과 빼지 않은 쪽은 어느 것이 더 무거운가?(그림 152)

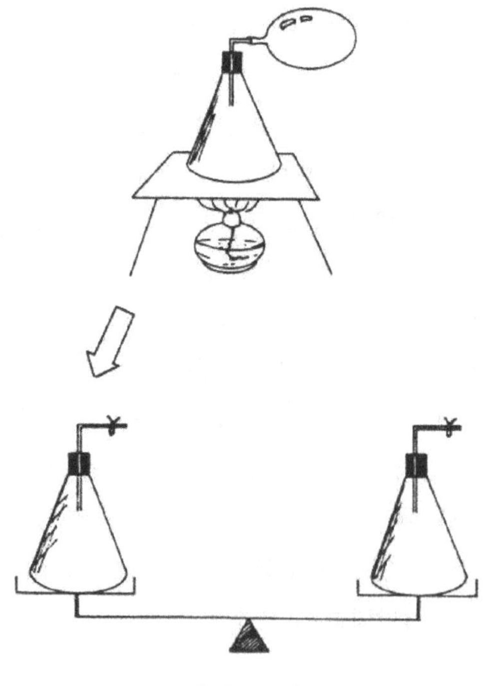

〈그림 152〉

D. 대기압 실험

(1) 유리컵에 가득 물을 채운다. 그 위에 엽서 같은 종이를 덮는다. 종이를 컵에 누른 채 컵을 뒤집는다. 종이를 누르고 있던 손을 뗀다(그림 153).

이번에는 거꾸로 한 컵을 매끄러운 책상 위에 놓고 조심스럽게 종이를 치워보자. 컵을 서서히 책상 위에서 움직여보자. 물을 엎지르지 않고 유리 속을 비우는 방법을 생각해보자. 이러한 실험에서 공기의 어떤 성질을 알 수 있을까?

〈그림 153〉

(2) 유리병을 준비하고 주둥이 몇 군데에 고무 찰흙 조각을 넣는다. 병에 물을 가득 채운다. 받침접시를 찰흙 위에 덮고 병을 거꾸로 세운다. 이러한 장치는 병아리에 물주는 장치로 이용되기도 한다. 왜 물이 병 속에 남아 있을까? 받침접시에서 물을 조금 쏟아내자. 어떤 현상이 일어나는가? 왜 그럴까?(그림 154)

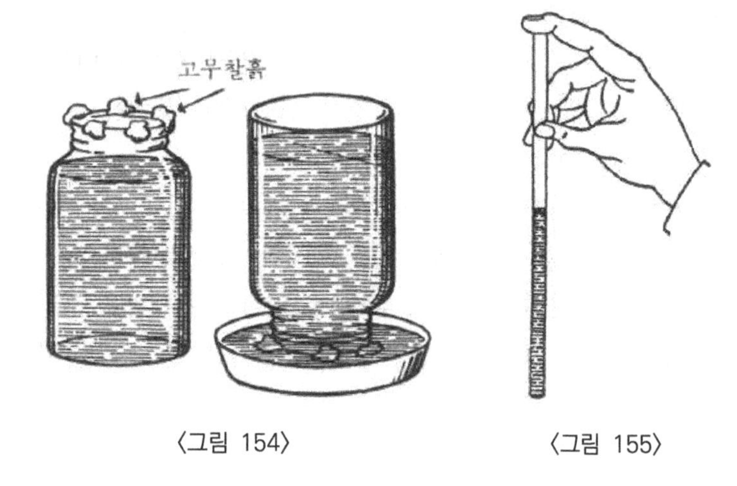

〈그림 154〉 〈그림 155〉

(3) 가늘고 긴 유리관이나 스트로를 물속에 담근 채 한쪽 끝을 손으로 막은 후 꺼낸다. 손을 조금씩 눌렀다 뗐다 해 보자. 어떻게 되는가? 왜 그럴까?(그림 155)

(4) 양철통 아래쪽에 못으로 구멍을 낸다. 양철통에 물을 가득 채우고 빨리 손으로 위를 덮는다. 손을 조금 떼어 보자. 물줄기가 어떻게 되는가?(그림 156)

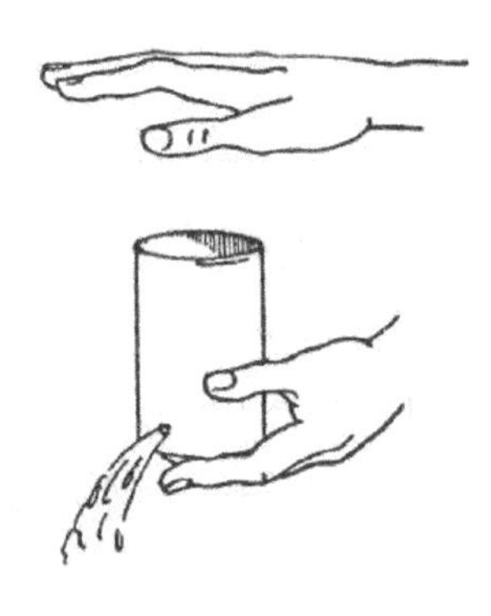

〈그림 156〉

(5) 유리컵을 물이 든 수조 속에 넣는다. 물이 가득 찬 유리컵을 서서히 거꾸로 들어 올려 보자. 유리컵의 아래쪽이 수면에 거의 나올 때까지 올려 보자. 왜 물이 컵에서 나오지 않는 것일까?(그림 157)

〈그림 157〉

E. 대기압 측정

(1) 간이 수은 기압계

길이가 80cm 정도 되는 유리관의 한쪽 끝을 가스 불꽃으로 밀봉한다. 가능한 한 유리관을 수직으로 하고 작은 깔때기나 피펫으로 수은을 서서히 넣는다. 공기방울이 생기면 유리관을 아래위로 약간씩 흔들어 없앤다. 위 끝에 1cm 정도까지 채운 후 나머지는 스포이드로 가득 차게 넣는다. 병속에는 2cm 깊이로 수은을 미리 넣어 둔다. 고무장갑을 낀 손가락으로 유리관을 막고 거꾸로 세워 병 속에 넣는다. 병에 든 수은 속에서

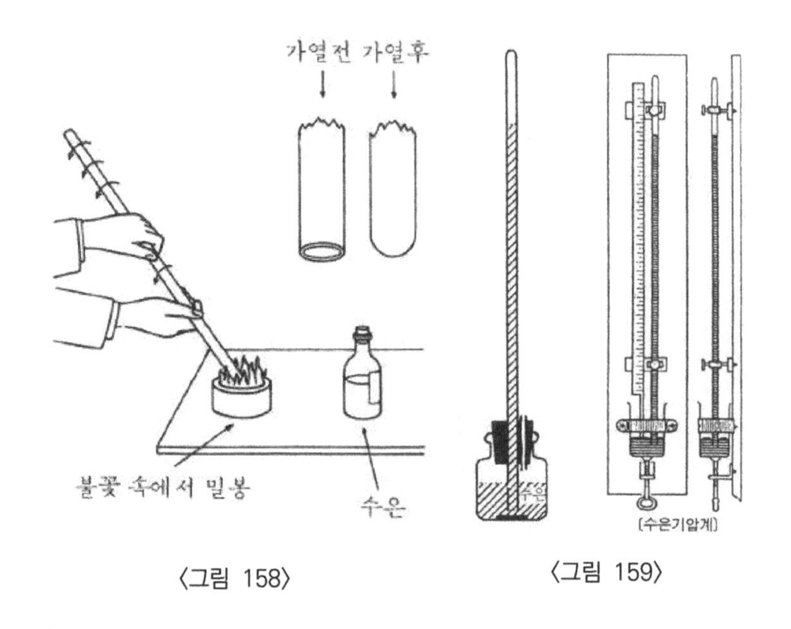

〈그림 158〉 〈그림 159〉

손을 떼고 유리관을 수직으로 세우면 간이 기압계가 된다. 병에 든 수은의 높이로부터 유리관 속의 수은까지 재어보자. 몇 cm인가?(그림 158)

이러한 원리로 만들어진 수은 기압계의 구조와 사용법을 자세히 알아보자. 아래 부분에 있는 조절 나사의 역할은 무엇인가? 맑은 날의 기압과 흐린 날의 기압을 측정해 보자. 어떤 날씨에 기압이 낮은가?(그림 159)

(2) 병으로 만든 기압계

어느 정도 물이 들어 있는 병을 물이 든 큰 그릇에 거꾸로 세운다. 이러한 장치는 닭에게 물주는 장치에 이용되기도 하는데 다른 기압계와 비교한 눈금을 밖에 표시해서 나타낼 수 있다(그림 160).

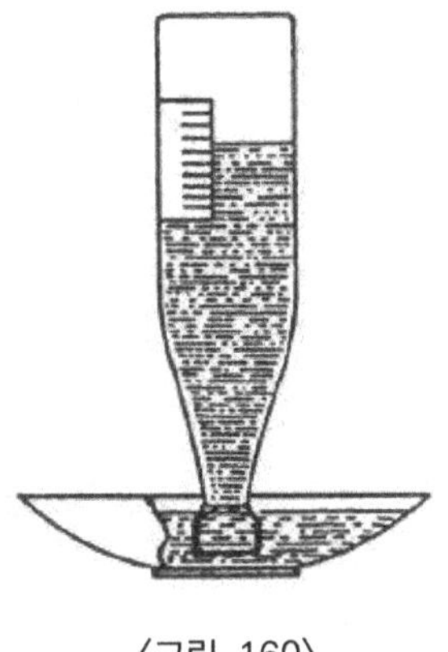

〈그림 160〉

(3) 아네로이드 기압계

정확한 측정을 할 수 있는 것은 수은 기압계이지만, 간편하게 쓸 수 있는 아네로이드 기압계를 흔히 쓴다.

기압이 높아지면 공합이 압축되고, 기압이 낮아지면 공합은 원래의 상태로 되돌아가려고 하기 때문에 팽창한다. 이에 따라 공합에 연결되어 있는 지침이 움직이므로 눈금판에서 그 때의 기압을 읽을 수 있다. 얇은 금속판으로 만든 공합 속의 공기의 일부를 뽑아내어 기압의 변화에 따라 민감하게 작동할 수 있도록 되어 있다(그림 161, 162).

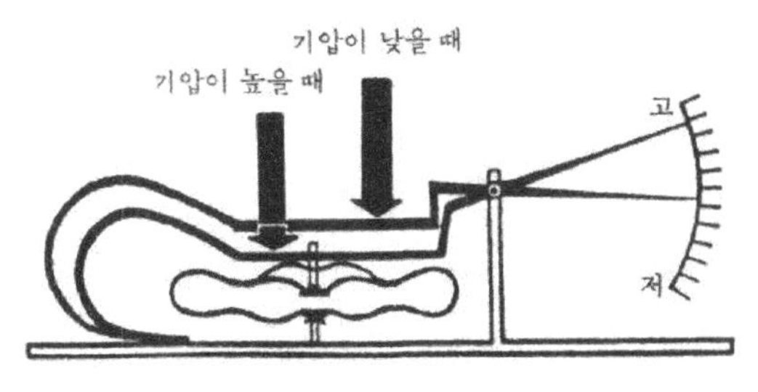

〈그림 161〉 아네로이드 기압계의 원리

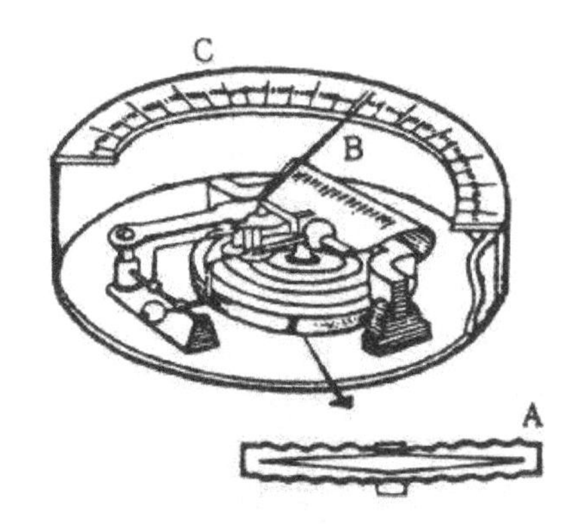

A: 공합(얇은 금속판으로 만든 동글고 납작한 통)
B: 기압의 변화를 가리키는 지침
C: 용기에 고정되어 있는 눈금판
〈그림 162〉 아네로이드 기압계의 구조

(4) 간이 아네로이드 기압계

얇은 고무막으로 유리병 입구를 덮고 고무줄로 묶는다. 둥근 코르크 마개를 얇게 잘라서 고무막 위에 붙인다. 긴 빨대를 다시 코르크 위에 붙인 후 가는 나무 막대를 뾰족하게 깎아 병의 가장자리에 고정시켜 받침대로 이용한다. 눈금도 만들어 간이 기압계를 완성시킨다(그림 163).

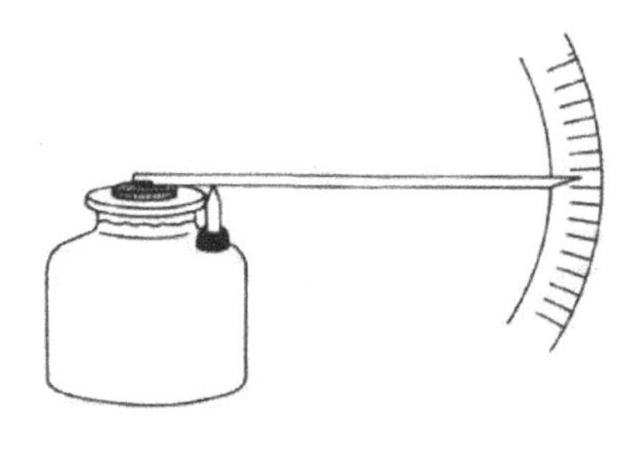

〈그림 163〉

F. 기압을 이용한 장치

(1) 펌프

주사기나 펌프에 이용되는 원리도 기압의 차이이다(그림 164).

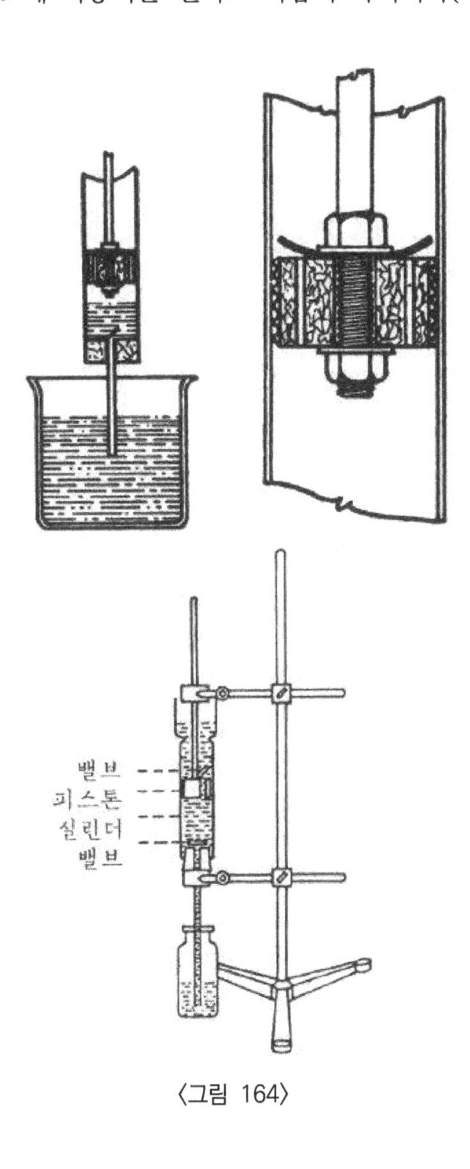

〈그림 164〉

(2) 사이펀

사이펀의 원리도 기압을 이용한 것이다(그림 165).

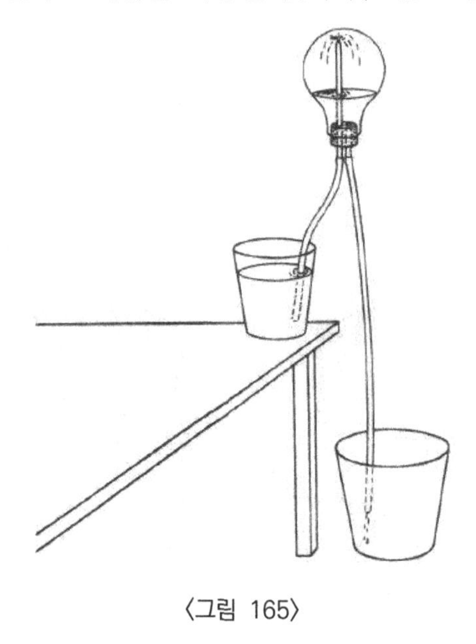

〈그림 165〉

(3) 기압이 낮을 때의 현상

시험관에 물을 1/3 정도 넣고 유리관을 꽂은 고무마개로 막는다. 알코올램프로 물이 끓을 때까지 가열한다. 물이 끓을 때 재빨리 물이 들어 있는 다른 비커에 유리관을 거꾸로 넣어 보자. 시험관 속의 물의 높이가 어떻게 되는가?(그림 166)

(4) 기압과 부피와의 관계

추를 올려놓을 수 있는 장치를 붙인 주사기 피스톤을 이용하여 추의 무게와 공기의 부피 관계를 실험해 보자. 이 때 피스톤은 공기가 새어 나오지 않도록 주의해야 한다(그림 167).

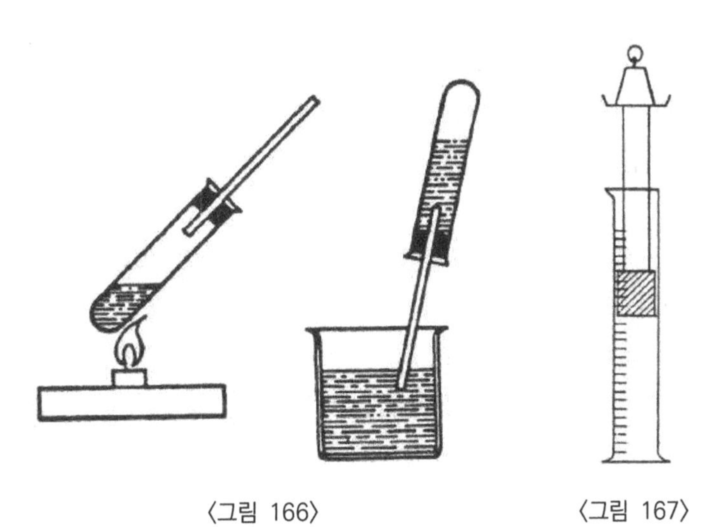

〈그림 166〉 〈그림 167〉

(5) 호흡의 원리

유리병의 바닥을 잘라내고 고무막으로 막는다. 병 속에는 고무풍선 2개를 그림과 같이 장치한다. 병 바닥의 고무막을 손으로 당겼다 놓았다 하면서 병 속의 고무풍선이 어떻게 되는지 관찰해 보자. 이것이 우리 몸에서 일어나는 호흡의 원리이다(그림 168).

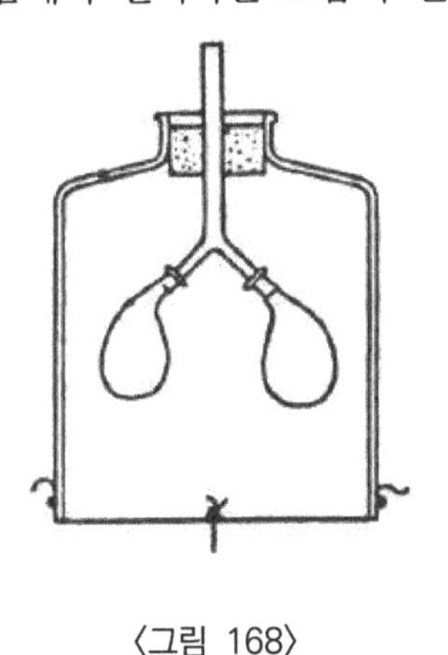

〈그림 168〉

G. 공기의 흐름 실험

공기가 이동할 때 속력이 빠른 곳은 압력이 낮고 속력이 느린 곳은 압력이 높다. 다음 실험들은 이러한 원리를 나타내는 것들이다.

(1) 두 개의 사과나 탁구공을 1m 길이의 끈에 매단다. 같은 높이가 되도록 하고 10cm 정도 간격을 유지시킨다. 그 사이로 입김을 세게 불고 어떤 현상이 나타나는지 관찰하자. 공기의 흐름이 가장 빠른 곳은 어디인가? 압력이 낮은 곳은 어디인가?(그림 169)

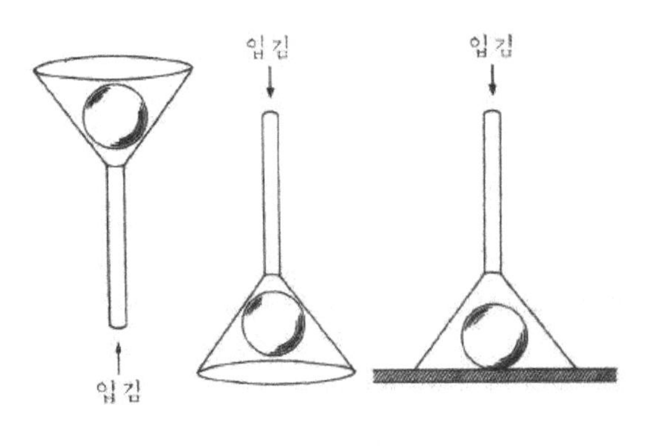

〈그림 169〉

(2) 깔때기 속에 탁구공을 놓는다. 깔때기로 입김을 세게 불어서 탁구공을 떨어뜨릴 수 있는가? 깔때기를 거꾸로 하고 탁구공을 손으로 잡고 있다가 입김을 세게 불면서 손을 떼어 보자. 어떻게 되는가? 이번에는 탁구공을 책상 위에 놓고 깔때기로 덮는다. 깔때기에 입김을 세게 불어 보자. 탁구공이 어떻게 되는가? 이러한 여러 현상을 어떻게 설명할 수 있는가?

(3) 얇고 딱딱한 종이를 한 변이 7cm 정도 되도록 정사각형으로 자른다. 대각선을 그어 중심에 핀을 꽂는다. 이것을 실패의 아래쪽에 놓고 위쪽에서 세게 입김을 불어 보자. 종이가 어떻게 되는가?(그림 170)

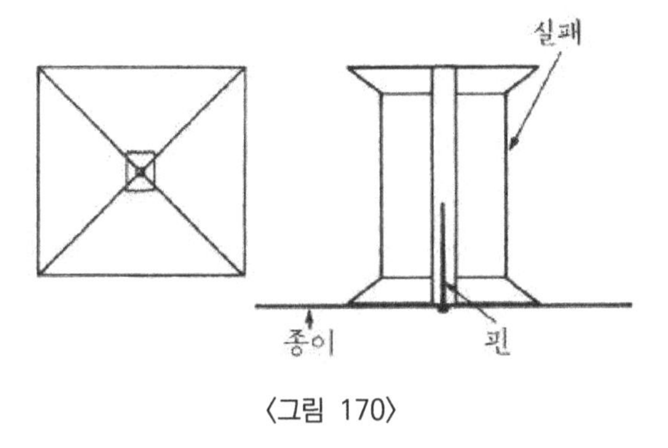

〈그림 170〉

(4) 촛불을 켜서 폭이 5cm인 딱딱한 종이 뒤에 세운다. 종 이 앞쪽에서 입김을 불면서 불꽃의 모양을 관찰해 보자. 이 현상을 어떻게 설명할 수 있는가?(그림 171)

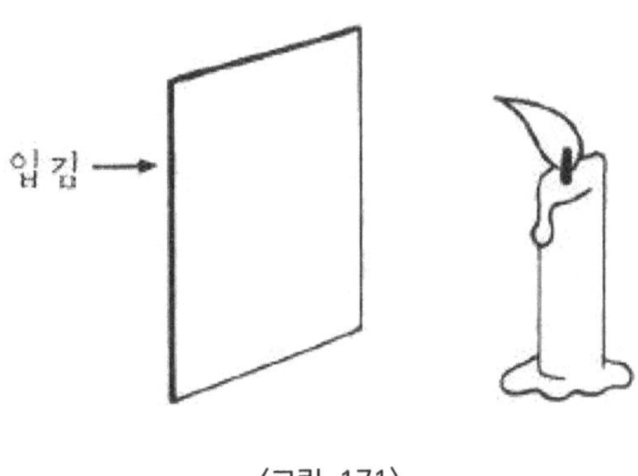

〈그림 171〉

(5) 책상 위에 촛불을 켜놓는다. 촛불 앞에 병을 놓고 앞에 서 입김을 세게 불어 보자. 불꽃은 어떻게 되는가?(그림 172)

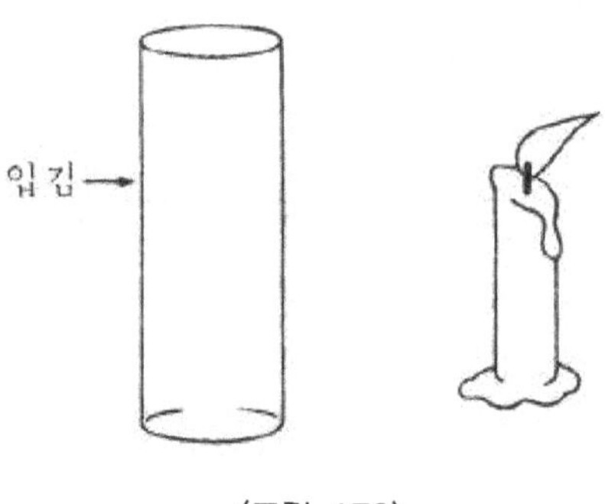

〈그림 172〉

(6) 두 개의 빨대를 그림과 같이 장치하고 입김을 세게 불어 보자. 물에 세운 빨대의 위쪽은 불어야 하는 빨대의 끝과 높이가 같아야 한다(그림 173).

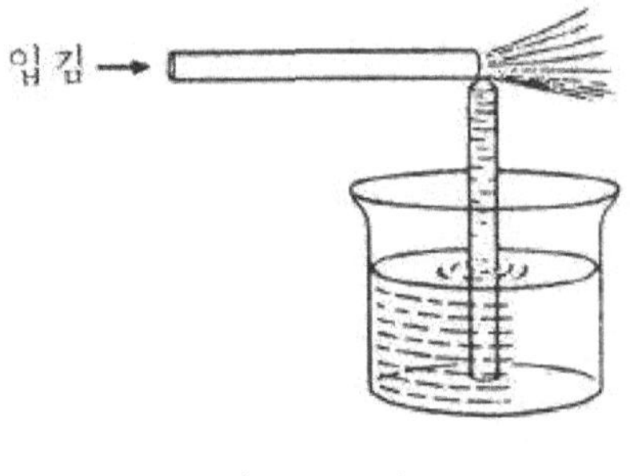

〈그림 173〉

(7) 길이 30cm, 폭 4cm의 종잇조각을 구부려 놓고 앞쪽에서 입김을 불어 보자(그림 174).

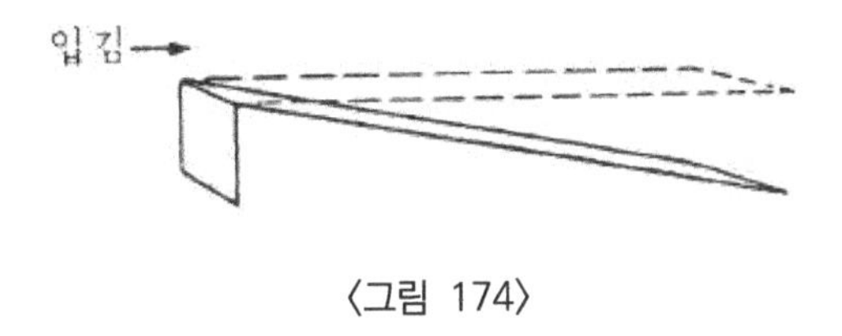

〈그림 174〉

(8) 비행기 날개처럼 바닥은 평평하게 하고 위쪽은 굽은 종이를 만들어 입김을 불어 보자(그림 175).

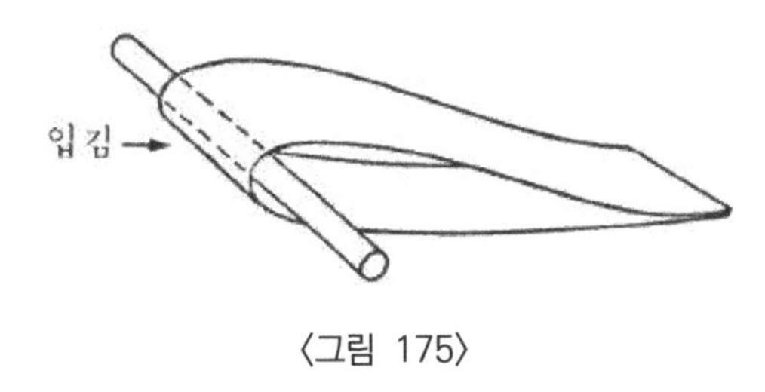

〈그림 175〉

(9) 양철 조각으로 만들어 균형을 이루게 추를 매단 후 입김을 불어 보자. 어떤 쪽이 올라가는가?(그림 176)

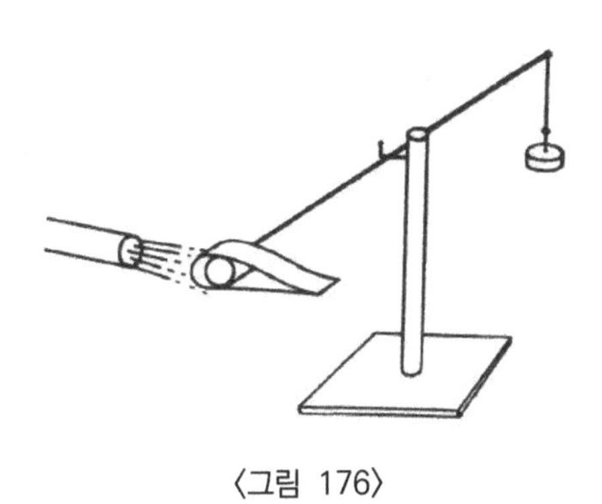

〈그림 176〉

제10장
날씨에 관한 실험

A. 날씨 관찰 실험 기구 만들기

(1) 풍향계

풍향계는 바람의 방향을 측정하는데 이용된다. 길이가 25cm, 단면적이 1㎠ 되는 나무 막대를 준비한다. 톱으로 양쪽 끝을 6cm 깊이로 홈을 파낸다(그림 177).

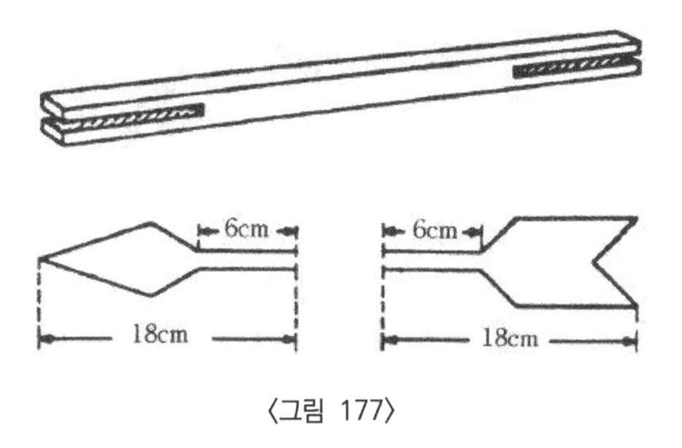

〈그림 177〉

다음에 폭이 10cm 정도 되는 나무판으로 틈에 꼭 맞는 것을 준비한다. 이것을 둘로 나누어 한쪽은 화살촉처럼 자르고 다른 끝은 왼쪽아래 그림처럼 꼬리를 만든다.

풍향계의 앞과 뒤쪽에 끼우고 접착제나 작은 못으로 고정시킨다. 다음에는 풍향계를 칼날 위에 놓아 중심점을 찾는다. 중심점에 구멍을 파고 연필 뚜껑 같은 것을 거꾸로 끼운다. 1cm 정도의 막대에 못을 박고 그 위에 풍향계를 올려놓아 잘 회전

할 수 있도록 장치한다.

받침 막대를 고정시키고 나침반으로 방향을 찾아 아래 그림과 같이 받침 막대 윗부분에 철사를 끼우고 그 위에 철사로 동(E), 서(W), 남(S), 북(N) 표시를 붙인다(그림 178).

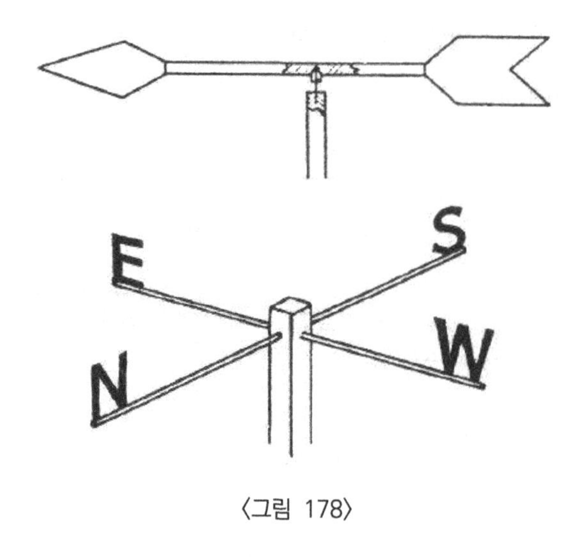

〈그림 178〉

(2) 풍속계

길이가 50cm이고 단면적이 1㎠인 막대 두 개를 준비한다. 각각의 중앙에 폭 1cm, 깊이 0.5cm인 홈을 판다.

이것을 서로 맞물려서 접착시킨다. 풍향계처럼 중앙에 구멍을 내고 받침대에 못을 박아서 회전이 잘 되도록 한다. 한 쪽만 뚫린 작은 깡통 4개를 준비하여 풍속계에 같은 방향이 되도록 하고 못으로 고정시킨다.

풍속은 30초 동안 회전수를 세어서 그 크기를 비교할 수 있다. 실제로 정밀하게 만들어진 풍향계와 풍속계를 관찰하고 그 원리와 작동 모양을 관찰해 보자(그림 179).

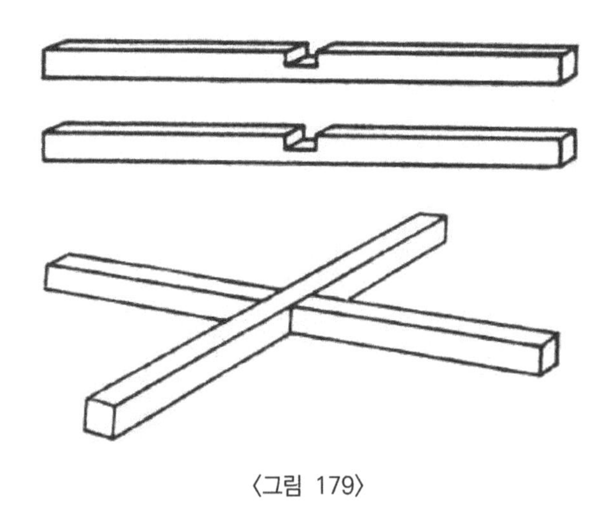

〈그림 179〉

(3) 우량계

깔때기와 병을 이용하여 간이 우량계를 쉽게 만들 수 있다. 깔때기의 직경과 병의 직경이 같아야 하며 수직이 되도록 장치하여 밖으로 빗방울이 튀어 나가지 않아야 한다. 또 깔때기가 지면 위로 수 cm 정도 높이가 되어야 한다(그림 180).

또 다른 형태의 우량계로 mm 눈금이 표시되어 있는 시험관이나 메스실린더를 이용하여 만들 수 있다.

이 때 강우량은 다음 식에 의해서 다시 계산한다.

$$\text{실제 강우량 측정된 높이} \times \frac{(\text{시험관 직경})^2}{(\text{깔때기 직경})^2}$$

그런데 시험관이 바닥이 둥글 때에는 미리 1cm 정도의 물을 채운 뒤 나중에 측정해서 빼주면 된다. 또한 강우량이 많아서 작은 시험관에서 넘치면 밖의 깡통에 괴도록 장치해야 한다(그림 181).

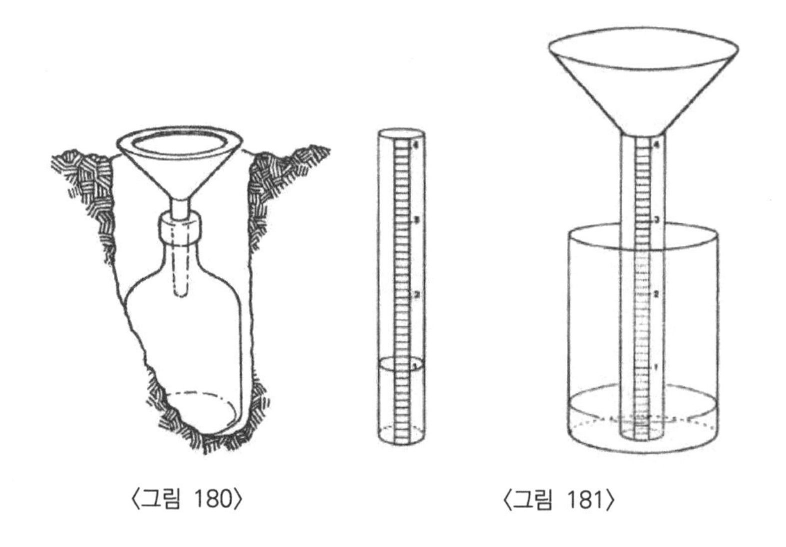

〈그림 180〉 〈그림 181〉

(4) 건습구 온도계

공기의 습한 정도를 습도 또는 상대 습도라고 한다. 습도는 현재 실제로 포함되어 있는 수증기량과 현재 온도에서의 포화 수증기량과의 비를 퍼센트로 나타낸 것이다.

습도계에는 건습구 습도계, 모발 습도계, 자기 습도계 등 이 있지만, 가장 많이 사용되는 것은 건습구 습도계이다. 건습구 습도계는 물의 증발 현상을 이용한 습도계이다.

습도표에서 습구의 온도를 왼쪽 세로줄에서 찾고, 건구와 습구의 온도차를 맨 위 가로줄에서 찾아 습구 온도에서 오른쪽으로 가고, 건습구 온도차에서는 수직으로 내려가서 서로 만나는 곳의 수를 읽으면, 그 값이 그 때의 습도가 된다.

(5) 모발 습도계

습도표를 이용하지 않고 상대 습도를 바로 읽을 수 있다.

30cm 길이의 사람 머리카락을 준비한다. 스탠드 상단에 한 쪽 끝을 고정시키고 50g의 추를 매단다. 중간에서 도르래나 실패를 2~3회 감고 지나도록 한다. 실패 축에는 가벼운 종이로 바늘을 만들어 연결하고 별도의 눈금판을 만들어 스탠드에 붙인다.

습도의 변화에 따라 머리카락의 길이가 달라진다. 눈금을 매기려면 표준 습도계와 비교하여 정한다. 이것이 불가능하면 이 장치를 뜨거운 물 위에 놓고 젖은 수건을 덮었을 때 가리키는 눈금을 100으로 표시한다. 다른 눈금은 건습구 온도계로 알아낸 습도를 표시한다. 이런 식으로 세 곳의 눈금 정도를 알면 나머지는 등분하여 눈금을 매겨 나간다.

(6) 기타 장치

이와 같이 일기를 측정하는 데에는 여러 가지의 보조 장치가 있을 수 있다. 이 중에는 우량계, 풍향계, 풍속계처럼 밖으로 노출되어야 하는 것도 있으나 기압계나 온도계, 습도계 같은 것은 보관하는 장치를 만들어 넣어 놓고 측정하면 좋다. 이러한 것으로 나무로 만든 백엽상이 있다(그림 182).

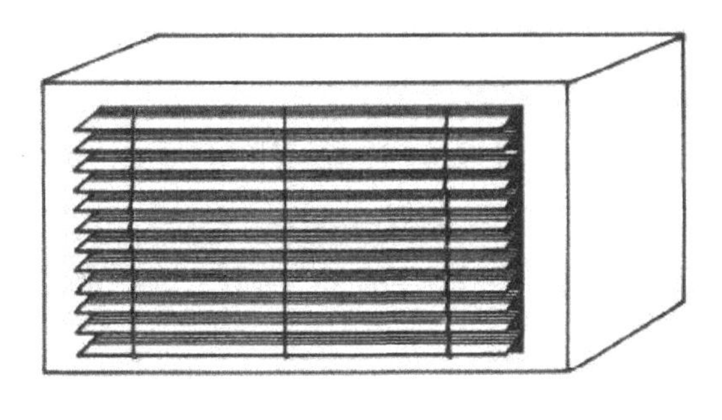

〈그림 182〉

B. 바람

(1) 가열에 의한 공기 팽창

가열하면 공기가 팽창한다는 것을 보여주기 위하여 한쪽 끝이 막힌 30cm 정도의 유리관을 고무마개나 코르크 마개를 이용하여 유리병에 꽂는다. 유리병을 가열하면서 유리관을 물속에 대어본다. 어떤 현상이 일어나는가. 오래 가열한 뒤 이번에는 불을 치우고 병을 냉각시킨다. 어떤 현상이 일어나는가?

(2) 찬 공기가 더운 공기보다 무겁다

간이 양팔저울을 만든다. 작은 종이 상자 2개를 준비한다.

종이 상자를 열고 스카치테이프로 20cm의 실을 바닥에 붙인다.

이 종이 상자로 양팔저울에 균형을 이루도록 한다. 한쪽 종이 상자의 아래쪽에 촛불을 놓고 잠시 후에 저울이 어떻게 되는지 관찰해 보자. 촛불을 반대쪽으로 옮겨 보자.

종이 상자 대신에 작은 플라스크를 이용하면 더욱 좋다.

(3) 대류 상자

바람이 부는 이유를 알 수 있는 대류 상자를 쉽게 만들 수 있다. 앞면을 유리로 하고 위에는 두 개의 굴뚝을 세운다. 굴뚝은 길이 15cm, 직경이 2.5~3cm 정도면 좋다. 한쪽 굴뚝 쪽에 촛불을 켜놓고 연기를 피워 각각의 굴뚝에 가까이 해 보자. 연기가 어떻게 운동하는가? 촛불의 위치를 바꾸고 같은 실험을 해 보자.

C. 증발과 응결

(1) 수증기는 눈에 보이지 않는다

끓고 있는 주전자의 주둥이 쪽을 관찰해 보자. 김이 나오는 것을 볼 수 있다. 그러나 이것은 수증기가 아니고 작은 물방울이다. 주전자의 주둥이 바로 가까이를 보자. 무엇이 보이는가? 이번에는 촛불이나 버너를 작은 물방울의 증기 가까이에 놓아 보자. 어떻게 되는가? 수증기가 어디로 갔을까?

(2) 응결

뜨거운 물을 컵에 담고 김이 오르는 것을 보자. 그 위에 찬 물이 담긴 둥근 플라스크를 놓아 보자.

어떤 현상을 관찰할 수 있는가?

(3) 물의 순환

생활 주변에서 물이 어떻게 순환되는가? 관찰해 보자. 간단한 실험으로 비가 내리는 현상을 알아볼 수 있다. 바닥에 내려온 물방울은 어떻게 될까? 물이 순환되는 현상을 알 수 있는 예를 들어 보자(그림 183).

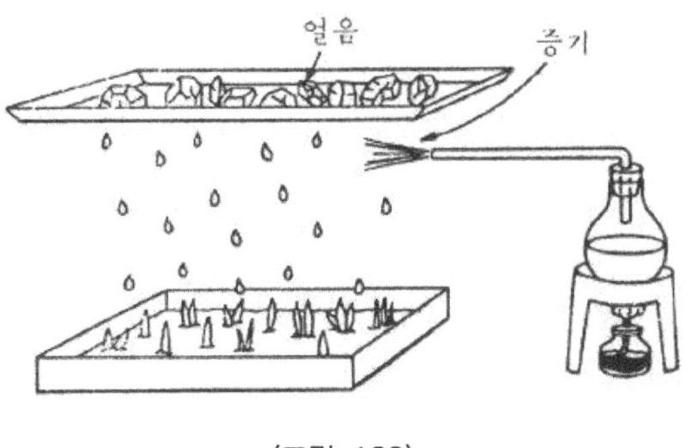

〈그림 183〉

제11장
힘과 관성에 관한 실험

A. 평형

(1) 힘의 평형을 조사하는 실험 기구

간단한 평형 조사 기구를 앞의 제2장 실험A의 (1)에서 만들었던 것을 다시 사용해도 좋다.

(2) 시소에 의한 평형

길이 3m 정도의 널빤지를 준비하여 시소 장치를 한다. 가능하면 교실에서 실험을 하며 운동장에 설치되어 있는 것을 이용해도 된다.

몸무게가 같은 두 사람을 선정하여 양 끝에 앉히고 균형이 되도록 한다. 축으로부터의 거리를 측정한다. 다음에는 몸무게가 무거운 사람과 가벼운 사람으로, 또 한쪽에는 두 사람으로 하여 여러 차례 실험을 한다. 각각의 경우에 몸무게와 축으로부터의 거리를 곱해 보면 형에 관한 훌륭한 법칙을 찾아낼 수 있다.

(주): 두 사람이 한쪽에 앉았을 때는 각각의 거리와 몸무게를 곱해서 더하면 된다.

(3) 간단한 평형 실험

(a) 칼을 사용하여 무나 진흙을 약 2.5cm 두께로 잘라낸다. 연필로 이것을 꿰뚫어 한쪽이 2.5cm 정도 나오도록 한

다. 그림에서와 같이 포크를 찌른다. 연필 끝을 책상 모서리에 위치시키고 균형이 되도록 조절한다(그림 184).

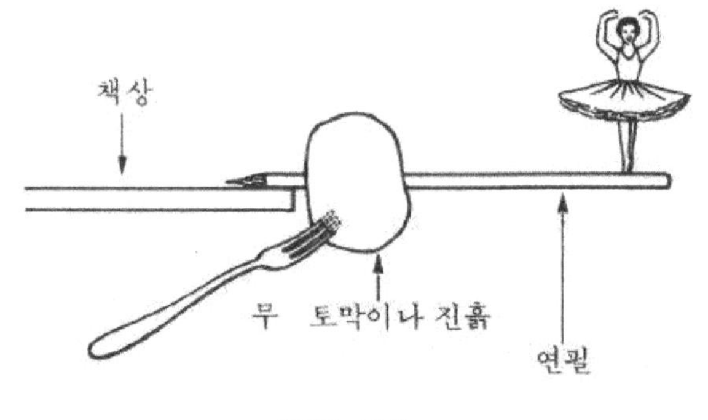

〈그림 184〉

(b) 이번에는 무나 진흙 조각에 두 개의 포크와 연필을 꽂아서 아래 그림 (b) 같이 병위에 세워서 균형을 이루도록 해 보자(그림 185).

(c) 무나 진흙 조각에 연필과 두 개의 포크를 그림 (c)와 같이 장치한다. 이번에는 이것을 실로 매단다. 여러 차례 실험을 반복하여 정확한 평형 점을 찾아보자.

(d) 하나의 동전과 두 개의 포크를 이용하여 그림(d)와 같이 장치한다. 이것을 병위에 놓아 평형을 만들어 보자.

(e) 집이나 학교에서 쉽게 구할 수 있는 기구들을 이용하여 여러 가지 다른 평형 실험 기구를 만들어 보자.

(4) 평형 놀이

미터자를 준비하여 양 손의 둘 째 손가락에 올려놓는다. 손가락을 미터자 양 끝에 오도록 한 뒤 두 손가락을 중심을 향하여 움직여 보자. 두 손가락이 만나게 되는 곳은 어디인가? 이

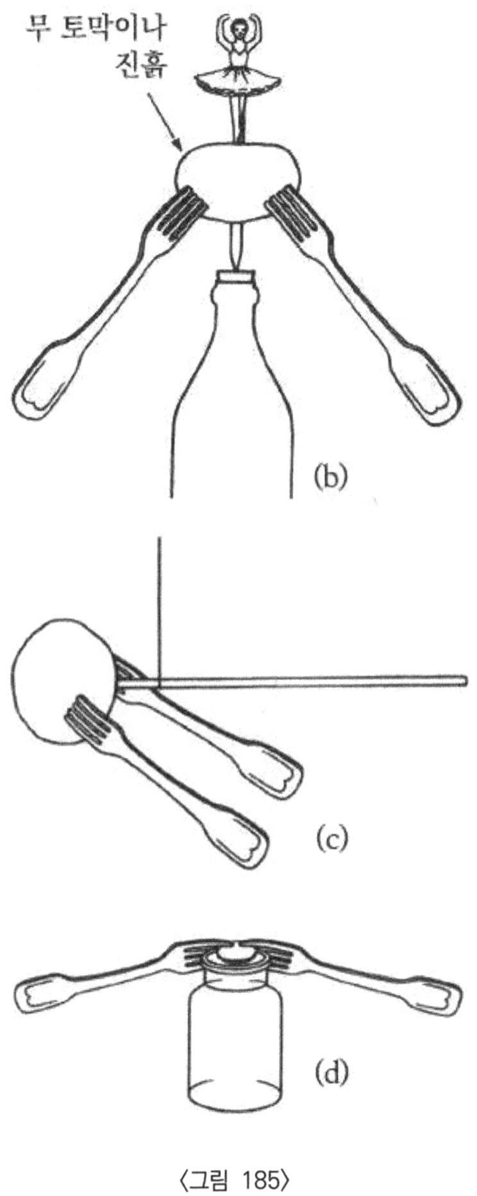

〈그림 185〉

번에는 한쪽 손가락은 끝에, 다른 쪽 손가락은 미터자의 1/4지점에 위치시킨 뒤 같은 실험을 해 보자. 어느 지점에서 만나게 되는가? 여러 방법으로 손가락의 위치를 바꾸어 가며 실험해 보자. 이 현상과 결과를 어떻게 설명할 수 있을까?

B. 중력에 관한 실험

(1) 낙체

주변에서 높이가 20m 정도 되는 건물이 있으면 물체를 떨어뜨릴 때 중력이 작용하여 빨라지는 현상을 관찰할 수 있다. 20m 높이에서 땅까지 닿을 수 있는 끈을 준비한다. 끈을 당겨서 수직선이 되도록 한다. 창문을 통해서 땅에서 20m 높이에 색깔이 있는 천이나 털실을 끈에 잡아맨다. 그 아래에서 5m 위치에 또 하나의 색 털실을 맨다. 한 사람은 시계를 가지고 지면에 서서 초를 불러준다. 좋은 방법은 손을 휘저으면서 "1초, 2초, 3초……"를 소리치는 것이다. 물론 대략적인 시간이 될 것이다.

이제 시작 지점에서 5m 위치에 한 사람을 세우고 또 땅에 다른 사람을 세운다. 무거운 돌과 가벼운 돌을 떨어뜨려 보자. 작은 물체와 큰 물체를 떨어뜨리면서 처음 1초 동안에 떨어진 거리와 다음 1초 동안에 떨어진 거리를 측정해 보자.

(2) 동전을 동시에 떨어뜨리기

두 개의 동전을 책상의 가장자리와 약간 안쪽에 놓는다. 이때 자로 하나의 동전을 쳤을 때 동전 하나는 수직으로 떨어지고 다른 하나는 수평으로 나아가다가 포물선을 그리며 떨어지도록 한다.

두 동전이 바닥에 떨어지는 순간을 자세히 관찰해 보자. 이러한 실험을 여러 차례 반복했을 때 어떤 결론을 얻을 수 있는가?

(3) 간이 진자

2m 정도의 실에다 돌이나 금속구를 매달자. 이것을 출입문이나 다른 곳에 매달아 좌우로 흔들릴 수 있게 한다.

10초 동안에 흔들리는 횟수를 측정해 보고 1분간에 흔들리는 횟수를 계산한다.

다음에는 실의 길이를 짧게 하여 1분 동안에 흔들리는 횟수를 측정한다. 여러 차례 실험을 하여 평균값을 낸다. 실의 길이가 진자의 주기에 어떤 영향을 미치는가?

이번에는 실의 길이는 고정시키고 추의 무게를 바꾼다. 여러 가지 추로 실험을 하면서 1분 동안에 흔들리는 횟수를 측정한다. 추의 무게가 진자의 주기에 영향을 주는가?

실의 길이를 1/2로 하여 위의 실험을 반복해 보자. 진자의 길이가 주기에 영향을 주는가? 어떤 관계가 있는가도 알아내자.

(4) 진자를 이용한 놀이

직경이 8cm 정도 되는 딱딱한 공을 책상 위에 실로 매단다. 실은 최소한 길이가 1.5m 정도는 되어야 하고 책상 위에 세워놓은 연필 끝에 닿을 수 있어야 한다. 진자를 밀어서 연필을 넘어뜨리지 않고 겨우 닿도록 해 보자. 이렇게 되려면 여러 번의 연습이 필요하다.

(5) 진자의 공명

같은 크기의 두 개의 병을 준비한다. 두 병에 물을 채우고 마개를 막는다. 병을 진자처럼 매단다. 이 때 길이가 같아야 한다.

병 하나를 붙잡고 다른 하나를 흔들어 놓고 손을 멘다. 잠시 후 한쪽 진자의 흔들림이 줄어들고 정지해 있던 진자가 흔들리기 시작한다(그림 186).

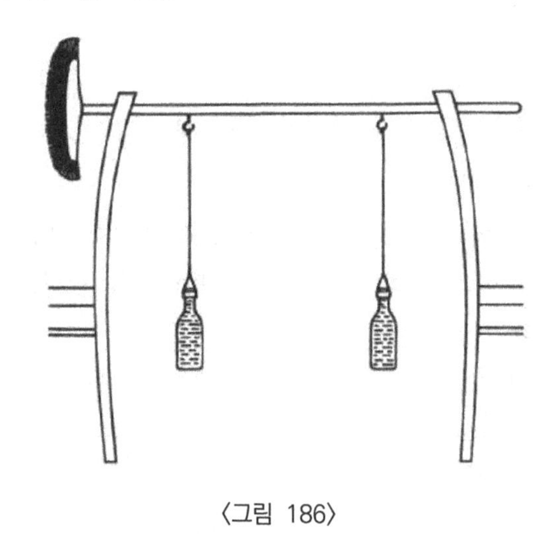

〈그림 186〉

(6) 구르는 공의 운동 조사

큰 쇠공이나 당구공을 빗면에서 굴리면서 진자로 시간을 측정할 수 있다. 경로를 만들려면 120cm 정도의 유리관을 고무줄로 잡아맨다. 이것을 책상 위에 놓고 성냥갑으로 한쪽을 받친다. 또한 주기가 1/4초 정도 되는 진자를 만든다. 이때에는 너트를 실에 매어 사용하면 좋다. 쇠구슬을 굴리고 진자가 한번 흔들릴 때에 굴러간 위치를 관찰한다.

이렇게 진자가 흔들릴 때마다의 위치를 찾아서 표시를 한다.

여러 차례 실험을 반복하여야 한다. 이렇게 얻은 결과를 거리-시간 관계 그래프에 옮겨 그리면 $s = \frac{1}{2}at^2$인 포물선 관계를 얻게 된다. 여기서 s는 이동한 거리이고, a는 가속도, t는 시간이다.

(7) 등속 운동

물체가 액체 속으로 떨어질 때 중력과 마찰력이 평형을 이루게 되어 일정한 속도가 된다. 이 때 이동 거리와 시간이 비례한다. 이것은 다음과 같이 물속에서 떨어지는 양초 조각의 실험에서 볼 수 있다.

부드러운 양초를 조롱박 모양으로 잘라내고 한 끝에 납덩이를 매달아서 물이 담겨 있는 실린더나 큰 시험관에 넣었을 때 뜨거나 가라앉지 않도록 만든다. 실의 길이를 정확하게 98cm로 하고 한 끝에 추를 달아 한 주기가 정확히 1초인 진자를 만든다. 이것을 측정 실린더의 가까이나 바로 뒤에서 흔들리도록 한다. 조심하여 양초 덩어리를 수면에 놓는다(수면에서의 저항 때문에 움직이지 않는다). 손가락으로 살짝 양초를 밀어서 물속으로 가라앉게 하면서 동시에 진자가 흔들리도록 한다. 진자가 지나갈 때마다 양초의 위치를 관찰한다.

여러 차례 반복하여 실험을 하여 1초에 양초가 얼마나 내려가는지 알아보자(그림 187).

(8) 낙체의 가속도

운동하는 물체의 단위 시간당 속도의 변화를 가속도라고 한다. 중력의 영향으로 떨어지는 경우와 같이 가속도가 일정한 경우는 쉽게 측정할 수 있다.

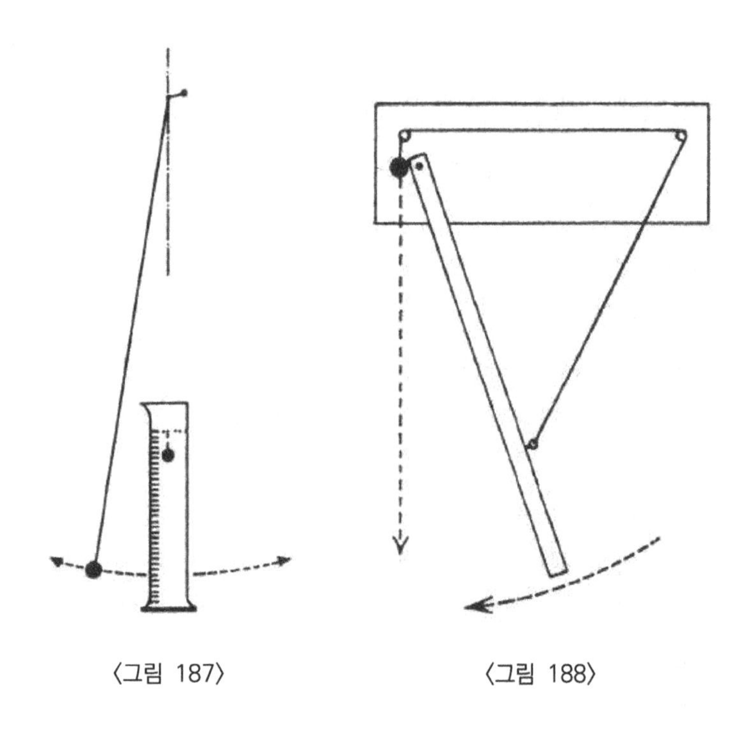

〈그림 187〉　　〈그림 188〉

이 때 중력 가속도는 보통 g로 표시한다. 다음 실험에서는 떨어지는 금속구가 길이 120cm인 막대 진자와 충돌하게 되어 있다.

먼저 진자의 주기를 100회 진동 시간을 측정하여 알아낸다. 작은 고리가 달린 금속구는 검댕이 칠해져 있고 그림과 같이 실로 연결되어 있다. 실을 태워서 끊으면 금속구와 진자가 동시에 운동하여 진자와 금속구가 충돌하게 된다.

1/4주기 동안에 자유 낙하한 거리를 충돌한 위치를 측정하여 알아낼 수 있다. 또 낙하 거리=5×모×(낙하 시간)^{2}의 관계에서 표를 계산한다(그림 188).

(9) 낙하 운동의 기록

자유 낙하하는 물체의 운동은 기록 타이머를 이용하면 잘 알 수 있다. 종이테이프를 기록 타이머의 먹지 아래를 통하게 하여 한쪽 끝에 500g 정도의 추를 단다. 기록 타이머를 동작시키고 손으로 잡고 있던 종이테이프를 놓아 추의 낙하 운동이 시간에 따라 기록되게 한다(그림 189).

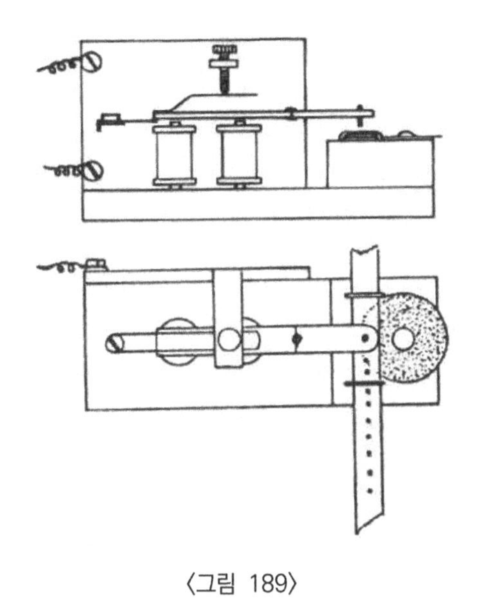

〈그림 189〉

(10) 투사체의 경로

아래의 실험 장치는 투사체의 수평과 수직 속도 사이에는 아무 관계가 없음을 알아보는 것이다. 투사체는 금속구이며 표적은 전자석에 붙어 있는 작은 양철통이다. 전자석 회로는 종이 원통의 양쪽에 단자가 있고 끝에서 2.5cm 정도 나오도록 한다. 큰 쇠구슬을 통 속에 넣고 통의 끝 쪽은 좁게 하여 구슬이 떨어지지 않도록 한다. 통을 표적을 향해서 고정시킨다. 쇠구슬을 발사시켜 이것이 입구를 지날 때 회로를 차단시켜 깡통이 떨어지도록 한다. 쇠구슬과 깡통은 공중에서 명중할 것이다. 각도와 거리를 달리하여 여러 차례 실험해 보자(그림 190).

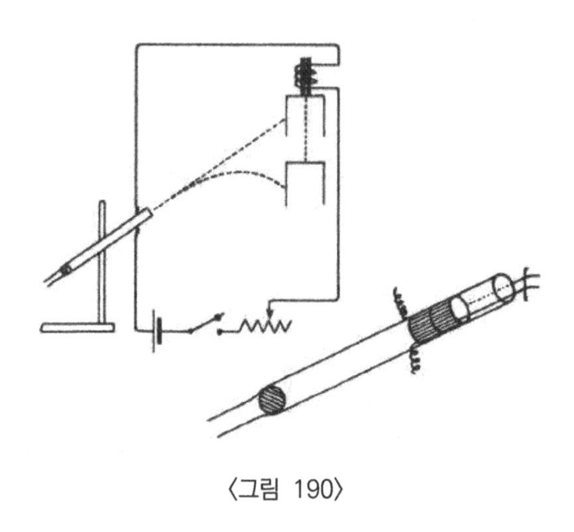

〈그림 190〉

C. 원심력

(1) 원심력의 이해

1m 길이의 끈에 물체를 매달아 손으로 돌려보자. 그러면 밖으로 당기는 힘을 느낄 수 있는데 이것이 원심력이다.

끈을 튼튼한 고무줄로 바꾸자. 고무줄을 돌려가며 늘어나는 모양을 관찰하자. 이것도 원심력 때문이다.

〈그림 191〉

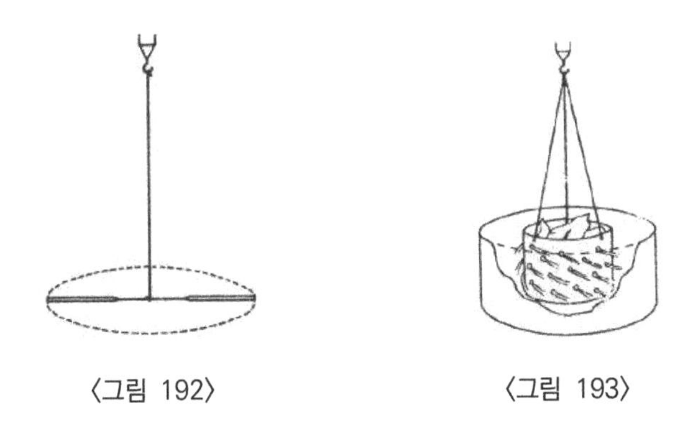

〈그림 192〉 〈그림 193〉

(2) 간이 회전 장치

〈그림 191〉과 같은 손잡이용 드릴을 준비한다. 드릴의 꺾쇠에 고리를 단다. 그 끝에 30cm 길이의 끈으로 못을 잡아맨다. 드릴을 회전시켜서 원심력이 어떻게 작용하는지 관찰해 보자.

(3) 못 2개를 이용한 실험

앞에서 사용한 드릴을 회전 장치로서 이용한다. 못 두 개를 15cm 정도의 끈으로 양 끝을 맨다. 끈의 가운데를 드릴에 있는 끈으로 맨다.

드릴을 서서히 돌려서 못 두 개에 작용하는 원심력의 효과를 관찰하자(그림 192).

(4) 옷의 탈수 장치에 이용되는 원심력

위에서 사용한 깡통에 못으로 구멍을 뚫는다. 돌아가면서 같은 간격으로 세 개씩의 끈으로 묶어 드릴에 매단다. 깡통보다 큰 통 속에 넣고 젖은 옷 조각을 넣는다.

드릴을 돌리면 옷에 있는 물이 빠지게 된다(그림 193).

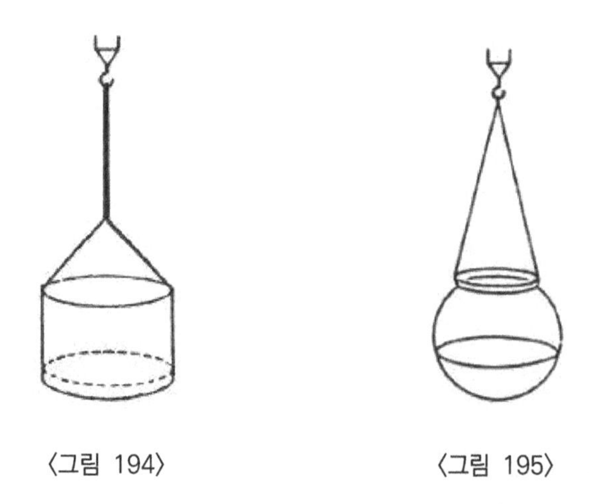

〈그림 194〉 〈그림 195〉

(5) 물을 이용하는 다른 실험

깊이가 8cm, 직경이 12cm 정도 되는 깡통을 그림과 같이 매단다.

물을 3cm 정도 깊이로 넣고 드릴에 매달아 회전시켜서 어떤 현상이 나타나는지 조사해 보자(그림 194).

(6) 액체에 작용하는 원심력

어항이나 유리병을 준비한다. 주둥이를 끈으로 잘 묶는다. 이것을 그림과 같이 고리를 만들어 매달고 병 속에는 잉크를 탄 물을 3cm 정도 넣는다. 드릴에 매달아 회전시키면서 물에 작용하는 원심력의 영향을 조사해 보자(그림 195).

(7) 고리와 양철 조각에 작용하는 원심력

직경이 6cm 정도 되는 금속 고리를 매달아 원심력의 효과를 조사해 보자.

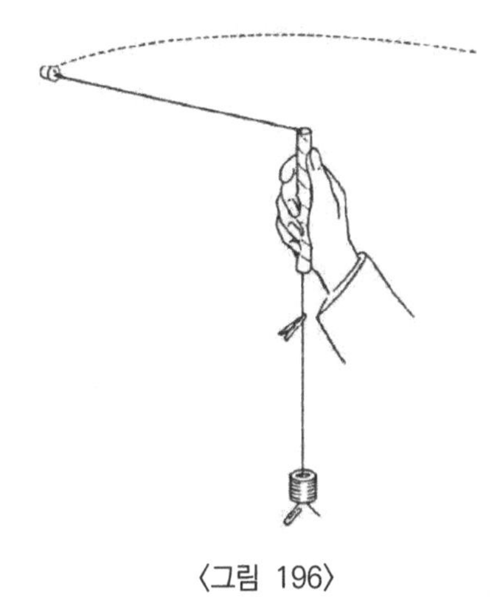

〈그림 196〉

깡통의 가장자리에 구멍을 뚫어 이것을 매달아 회전시키면서 원심력의 효과도 알아보자.

(8) 구심력

뉴턴은 원심력의 효과를 다른 방법으로 조사하였다. 직선상에서의 운동이 일반적인 것이며 이것을 원운동 시키면 가운데로 힘을 주어야 하는데 이것을 구심력이라 불렀다.

원운동은 아래와 같은 장치로 실험하면 된다. 원운동을 일으키는 힘을 반경과 주기를 달리하여 측정한다.

〈그림 196〉와 같이 나일론 끈의 끝에 고무마개를 달고 유리관을 통하여 끈의 다른 끝에 그립을 이용하여 와셔를 끼워서 와셔에 작용하는 중력이 중심을 향하게 한다. 원운동 하는 고무마개와 반경을 일정하게 하기 위한 방법으로 그림과 같이 유리관 아래 가까이 빨래집게로 집고 유리관 아래 끝과 빨래집게

사이의 간격을 일정하게 유지한다. 와셔를 2개로 하여 왼손으로 유리관 아래쪽의 끈을 잡고 고무마개를 회전시켜서 적당한 회전 속력이 되었을 때 왼손을 놓는다.

고무마개의 속력이 빠르면 빨래집게가 올라가고 반대로 느리면 빨래집게가 내려가므로 유리관 끝에서 빨래집게까지의 거리가 항상 일정하게 유지되도록 고무마개를 적당한 속력으로 회전시킨다. 이 때 고무마개의 10회전 주기를 다른 실험자가 측정한다.

와셔의 수를 4, 6, 8…로 바꾸어 가면서 같은 방법으로 10회전 주기를 측정한다.

반경 R로 원운동할 때 구심력 F는 다음 식으로 표시된다.

$$F = m4\pi^2 f^2 R$$

m은 고무마개의 질량이고 f는 $\frac{1}{주기}$ 이다.

D. 관성에 관한 실험

(1) 동전 실험

입구가 큰 병 속에 모래를 조금 넣는다. 한 변이 5cm 정도 되는 종이를 병위에 놓고 그 위에 동전을 놓는다. 종이를 서서히 당겨 보자.

이번에는 종이를 급히 당겨서 동전이 병 속으로 들어가도록 해 보자. 이것은 동전에 관성이 작용하여 병 속으로 떨어지는 것이다.

(2) 관성을 이용하여 못 박기

책상 끝에 얇은 판자를 밖으로 나오게 한 뒤 손으로 붙잡자.

책상으로 받쳐지지 않은 부분의 판자에 못을 박아 보자. 이번에는 판자 밑에 무거운 망치나 돌을 댄 뒤에 박아 보자. 관성의 도움으로 더 쉽게 못이 박힐 것이다.

(3) 관성으로 사과 자르기

날이 날카로운 칼을 준비한다. 칼이 사과에 절반 정도 들어가게 한다. 이번에는 칼은 잡지 않고 사과만 잡고 바닥에 두드려 보자. 관성에 의해서 칼이 아래로 내려가 사과가 잘라진다.

(4) 관성으로 나무 막대 자르기

길이가 18~20cm 되는 나무 막대를 준비한다. 신문지 몇 장을 책상 모서리에 놓고 그 아래에 나무 막대를 놓는다.

신문지 밖으로 나온 나무 막대를 다른 날카로운 나무토막으로 빠르게 때리면 관성에 의하여 두 토막으로 잘라진다(그림 197).

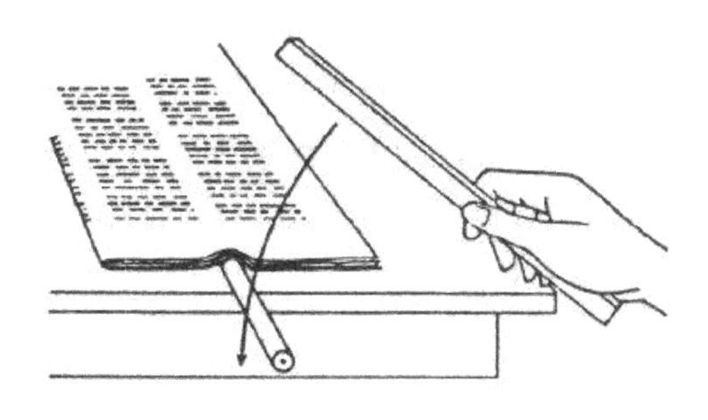

〈그림 197〉

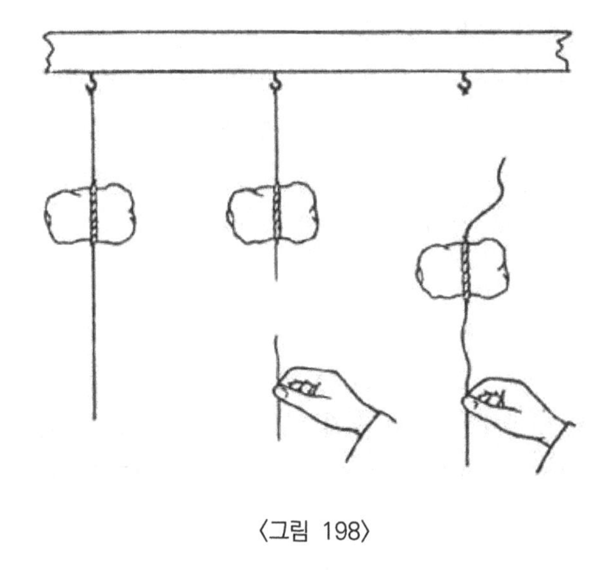

〈그림 198〉

(5) 책이나 나무토막 실험

책이나 나무토막을 여러 개 쌓아 놓는다. 중간에 있는 것을 막대로 치면 그 위에 있는 것은 쓰러지지 않고 중간에 있던 것만 옆으로 빠져 나가게 된다.

(6) 자전거와 자동차의 관성

자전거를 타고 가다가 급히 브레이크를 걸면 몸이 앞으로 쏠리거나 넘어지려고 한다. 또한 자동차가 급정거를 할 때에도 같은 현상을 느낄 수 있다. 이것은 운동하고 있던 몸이 계속 운동하려는 관성 때문이다. 갑자기 출발할 때에도 관성에 의해서 뒤로 몸이 넘어지려고 한다. 이것도 정지 상태를 유지하려는 관성 때문이다.

(7) 돌에 작용하는 관성

무게가 1kg 정도 되는 돌을 준비한다. 〈그림 198〉과 같이 돌을 잡아매어 위에 매달고 한쪽 끝은 아래로 내려오도록 한다. 실을 급히 당기면 돌의 아래쪽 끈이 끊어진다. 이번에는 다시 돌을 매달고 서서히 당기면 돌의 위에 있는 끈이 끊어진다.

관성으로 이 현상을 설명해 보자.

(8) 손수건과 물 컵을 이용한 실험

손수건을 바닥이 미끄러운 책상 위에 놓는다. 컵에 물을 가득 채워서 손수건 위에 놓는다. 손수건 한 끝을 잡고 재빨리 잡아챈다. 물 컵은 그냥 서 있고 물은 엎질러지지 않는다.

E. 힘과 운동

(1) 가벼운 물체가 빠르게 움직인다

분필로 책상 위에 0.5m 위치에 표시를 한다. 이것을 cm 단위로 나눈다. 긴 고무줄과 두 개의 빨래집게를 준비한다. 고무줄의 양 끝에 빨래집게를 물린다. 책상 위에 표시한 곳에 놓고 고무줄을 당겨서 15cm 간격이 된 후에 동시에 놓는다. 중간에서 만나는지 관찰하자.

이번에는 한쪽에는 빨래집게를 두 개 물리고 24cm 정도 고무줄을 늘였다가 동시에 놓는다. 어느 지점에서 만나는가?

다시 양쪽에 두 개씩 물리고 같은 실험을 해 보자. 이 실험 을 여러 차례 반복한 뒤 어떤 결론을 내릴 수 있는가?(그림 199)

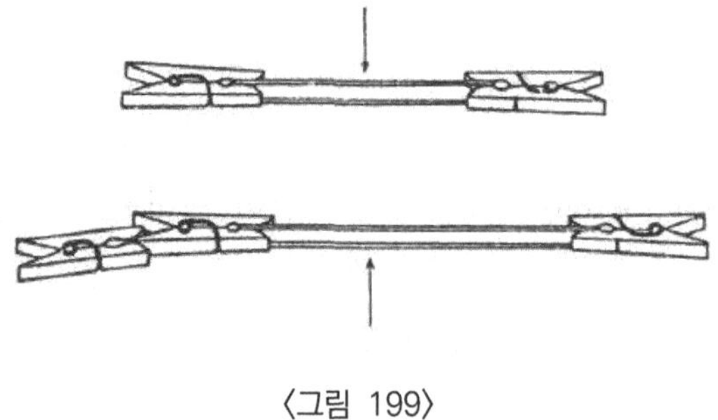

〈그림 199〉

(2) 힘과 운동 실험

빨래집게의 손잡이 부분을 누른 뒤 실로 맨다. 빨래집게를 책상의 가운데에 놓고 길이와 무게가 같은 두 개의 연필을 양쪽에 놓는다. 조심스럽게 실을 태우고 연필의 운동 모양을 관찰하자.

이번에는 크기와 무게가 같은 두 개의 큰 연필로 실험해 본다. 두 결과를 비교해 보자. 한쪽에는 무겁고 큰 연필을 다른 쪽에는 가볍고 작은 연필을 놓고 실험해 보자. 어떤 현상을 볼 수 있는가?

나무토막, 쇠구슬, 돌멩이 등을 이용하여 같은 실험을 해 보자. 어떤 결론을 얻을 수 있는가?(그림 200)

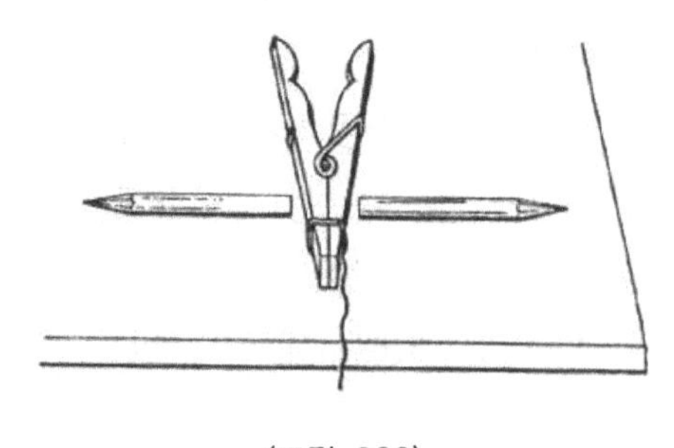

〈그림 200〉

(3) 물체를 밀거나 끌 때의 작용과 반작용

일을 할 때 힘은 작용과 반작용이 동시에 작용한다. 벽을 밀 때 벽이 동시에 미는 힘이 작용한다. 두 사람이 서로 밀 때에도 작용과 반작용이 있다. 두 개의 용수철저울을 연결하고 두 사람이 당기고 눈금을 읽어보자. 끌 때에도 작용과 반작용이 있을까?

(4) 제트 엔진의 작용과 반작용

작은 종이를 테이프를 사용하여 고무풍선의 주둥이에 붙이자. 풍선을 불어서 손으로 입구를 막는다. 손을 놓으면 공기가 밖으로 분사되면서 풍선이 앞으로 나간다. 이러한 원리가 로켓과 제트 엔진에 사용된다(그림 201).

〈그림 201〉

(5) 롤러스케이트의 작용과 반작용

미끄러운 면 위에서 롤러스케이트를 신고 걸어보자. 이 때 뒤로 밀리는 현상을 관찰해 보자.

(6) 보트에 작용하는 작용과 반작용

언덕에 끈을 매고 보트를 탄 채 끈을 당겨 보자. 보트는 힘을 가한 방향과 반대로 움직인다.

제12장
천체 관찰 학습 실험

천체는 과학을 공부하는 학생들은 물론 일반인들에게까지도 흥미의 대상이 되고 있다. 우리는 TV와 라디오 서적 등을 통하여 천체에 관한 기초 지식을 배우게 된다. 여기서는 주로 실험과 관찰을 통하여 배우는 방법을 설명하고자 한다. 실험 단계는 고려되지 않았으므로 관심 있는 주제에 따라 실험을 하면 된다.

A. 별의 관찰

(1) 간이 굴절 망원경 만들기

간이 망원경을 만들려면 딱딱한 종이로 된 두 개의 원통이 필요한데 하나가 다른 통 속으로 들어갈 수 있어야 한다. 원하는 망원경을 만들려면 좋은 렌즈가 있어야 된다는 것도 몇 차례 만들어 보면 깨닫게 된다. 초점 거리가 2~3cm 되는 렌즈를 원통에 끼워 접안렌즈로 사용한다.

대물렌즈는 초점 거리가 25~30cm 되는 렌즈를 큰 원통에 붙인다. 두 렌즈가 같은 축에 있도록 잘 조정한다. 이렇게 만든 것을 원통을 밀었다 당겼다 해서 초점을 맞추면 갈릴레오가 그의 여러 가지 발견에 사용했던 것보다도 훌륭한 망원경이 되는 것이다. 이런 망원경으로 목성의 고리까지는 어렵지만 위성은 관측되기도 한다(그림 202).

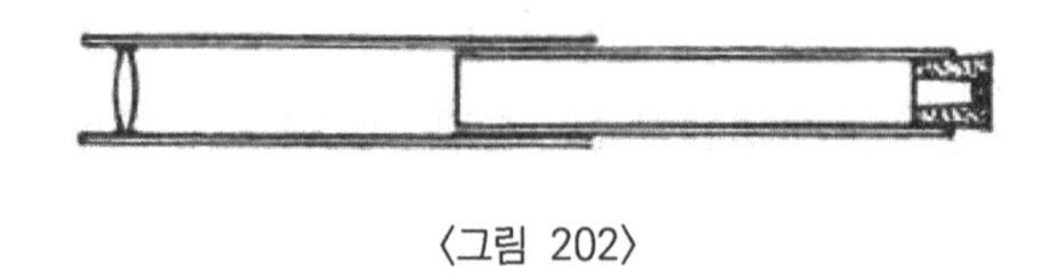

〈그림 202〉

(2) 간이 반사 망원경 만들기

간이 반사 망원경은 오목 거울을 이용하여 만든다. 오목 거울을 여러 각도로 조정할 수 있는 적당한 크기의 나무 상자 속에 넣는다.

나무토막을 상자에 세우는데 이때에도 각도를 변경시킬 수 있어야 한다. 두 개의 초점 거리가 짧은 렌즈를 접안용 통에 넣고 고정시킨다. 이 접안용 통을 나무에 고정시키고 오목 거울의 초점 거리와 일치하는 높이로 조정한다(그림 203).

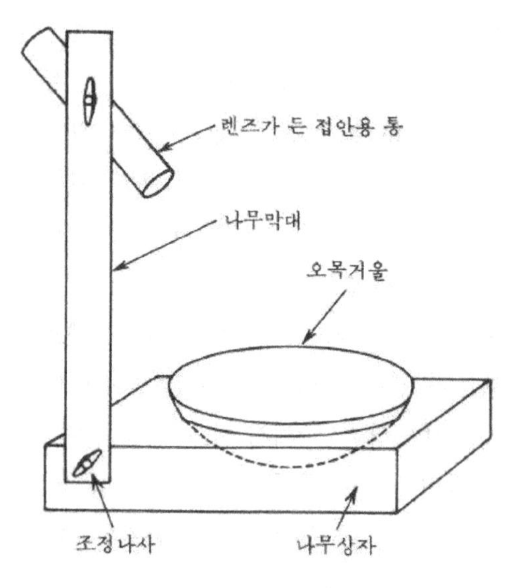

〈그림 203〉

(3) 주요 별자리 찾기와 별자리도 만들기

이 내용은 숙제로 하는 것이 좋으며 시기는 그믐달 때가 좋다. 그래야 별을 관찰하는 데 달빛이 방해가 되지 않는다. 먼저 북극성을 찾고 검은 종이에 바늘구멍을 뚫어 눈에 대고 몇 개의 별만 보이도록 한다. 이것을 돌려가면서 확인하고 북극성을 중심으로 한 별자리 지도를 그려 보자.

이런 방법으로 몇 개의 별자리를 알아낸 뒤 초저녁에 그려 보고 잠자기 직전에도 그려 본다. 별자리를 알아보는 또 다른 재미있는 방법은 칠판에다 별을 표시하는 반짝이는 종이를 붙여 보는 것이다(그림 204).

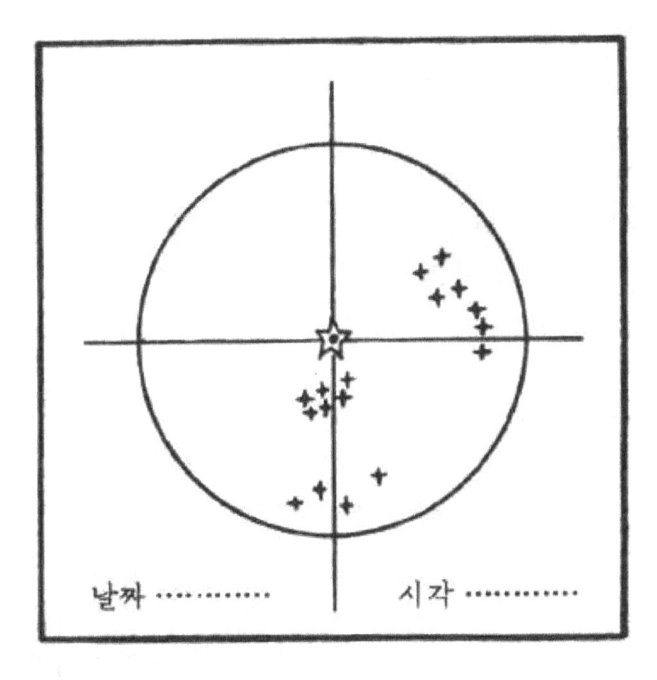

〈그림 204〉

(4) 별의 운동을 사진 찍기

사진기가 있는 학생들은 지구 자전으로 나타나는 현상인 별의 일주 운동을 사진 찍는 것이 흥미로운 일이 된다. 달빛이 없는 맑은 날 밤을 택하고 지평선 상에 장애물이 없는 장소를 선정한다. 특히 자동차의 헤드라이트 같은 외부 빛이 들어올 수 없는 떨어진 곳이어야 한다. 사진기를 가능한 한 북극성에 정면으로 향하도록 하고 받침대나 나무 상자로 고정시킨다.

거리를 맞추어야 하는 사진기는 거리를 무한대로 놓고 조리개를 완전히 연다. 셔터 시간은 임의로 조정할 수 있도록 한다. 모든 준비가 완료되었으면 셔터를 일정한 시간, 즉 1~6시간 동안 열려 있도록 하고 흔들리지 않도록 고정시킨다.

셔터를 오래 열어 둘수록 별의 운동 모습을 오래 촬영할 수 있다. 은하수의 운동 모습도 촬영해 보자.

(5) 별자리 모형 만들기

별자리 모형은 여러 별자리를 학습하는 데 쉽게 이용할 수 있다. 종이 상자나 나무 상자를 준비하고 한쪽 면을 떼어낸다. 떼어낸 면을 덮을 만한 크기의 검은색 종이 위에 여러 별자리 모습을 그린다.

별자리 그림에서 별이 위치한 곳에 구멍을 뚫는다. 다음에 상자 속에 전구를 넣는다. 전구를 켠 다음에 여러 가지 별자리 그림을 상자 위에 놓으면 별자리가 선명히 나타난다.

또 다른 방법은 전구가 들어갈 수 있는 여러 개의 깡통을 준비한다. 깡통 바닥에 별자리 지도를 그리고 별이 위치한 곳에 구멍을 뚫는다. 깡통 속에 전구를 넣고 불을 켜면 별자리 모습을 잘 볼 수 있다. 깡통이 녹슬지 않도록 페인트를 칠해 두면 오랫동안 사용이 가능하다.

(6) 우산을 이용한 성좌 투영기 만들기

우산의 둥근 모양을 이용하여 천구로 사용한다. 못쓰게 된 큰 우산을 준비한다. 우산의 가운데 끝을 북극성이나 극을 나타내도록 한다. 별자리 지도를 사용하여 여러 별의 위치에 해당하는 곳에 별 표시를 한다. 모든 별자리를 그린 후 별의 위치를 표시한 곳에 흰 종이를 오려서 붙이거나 흰 페인트로 별을 그린다. 다음에는 별자리 지도에 나타난 대로 흰 페인트나 분필로 점선을 그려 연결한다.

B. 태양과 별

(1) 별 사이를 지나는 태양의 경로 모형

4계절에 태양이 별자리 사이를 지나가는 별자리 지도를 대략 길이 60cm, 폭 8cm의 두루마리 종이에 그린다. 별자리가 안쪽으로 오도록 하여 종이 끝을 서로 붙인다. 그러면 직경 18cm 정도의 원형으로 되어 둥글게 서 있게 된다. 작은 초를 가운데 놓아 태양을 나타내도록 하자. 계절 표시는 바닥 종이에 표시한다. 단추 같은 물체를 실에 매달아서 돌리면 이것이 지구의 공전을 나타낸다(그림 205).

(2) 일식 현상을 설명하는 모형

우윳빛 유리 전구로 태양을 만들고 이것을 검은 종이판에 직

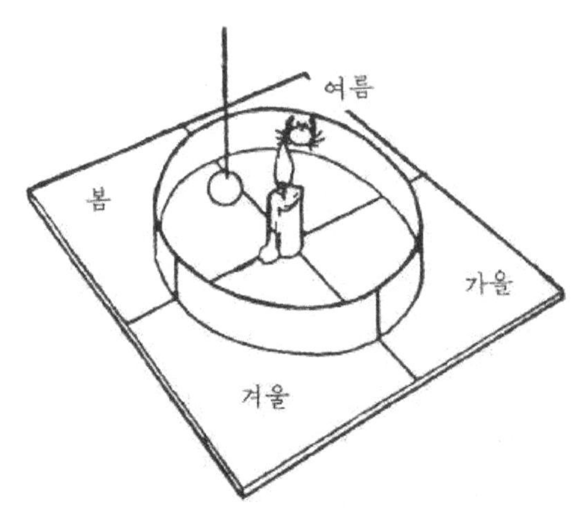

〈그림 205〉 별 사이를 지나는 태양의 경로 모형

경 5cm 정도의 원형 틈을 통해서 비치도록 한다. 코로나는 이 원형 틈 주위를 크레용으로 붉게 그려서 나타낸다.

달을 직경 2.5cm 정도의 나무 공으로 만들어 못으로 세운다. 일식 현상은 실험 장치의 앞에 있는 스크린 위에 여러 개의 큰 바늘 구멍을 통해서 보면 된다. 개기 일식 때는 코로나만 보인다. 달의 위치는 실험 장치 앞으로 나와 있는 철사를 이용하여 조절한다(그림 206).

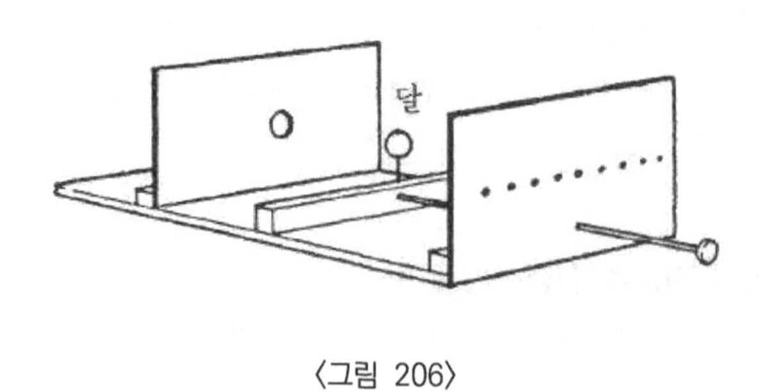

〈그림 206〉

(3) 일식 현상 실험

작은 동전을 들어서 한쪽 눈에 수cm 정도 가까이 하고 방에 달려 있는 전구 빛을 바라보면서 옆으로 움직여 본다. 전구는 태양을 나타내고 눈 가까이에 있는 작은 동전은 지구와 해 사이를 지나는 달을 나타낸다. 어느 때는 작은 동전이 전구를 완전히 가려서 눈에 그림자가 생긴다.

(4) 태양 흑점 관찰

앞의 실험에서 만든 망원경을 사용한다. 망원경을 태양을 향하도록 하고 접안렌즈에서 약간 떨어진 곳에 흰 종이를 놓아 태양의 상이 선명하게 나타나도록 조절한다. 만일 태양 흑점이 태양 표면에 있다면 작은 태양의 상에서 작고 불규칙한 검은 점을 볼 수 있다.

(주의) 검은 유리 필터를 쓰지 않고는 망원경으로 태양을 직접 바라보아서는 안 된다.

(5) 태양에 대한 지구의 위치 변화 관찰

태양빛이 들어오는 마룻바닥이나 벽에 태양빛이 비치는 위치를 선으로 표시하자. 정확한 날짜와 시간을 기록해 둔다. 매주말 같은 시각에 다시 선을 그린다. 이러한 작업을 일 년 동안 해 보면 재미있는 관찰이 된다. 한 달 동안, 또 일주일 동안에 선의 위치가 변하는 것은 지구가 태양 주위를 공전하기 때문이다.

C. 태양계에 대한 실험

(1) 태양계 모형 만들기

행성들의 상대적인 크기와 태양으로부터의 거리 관계는 태양계 모형을 만들어 보면 쉽게 이해된다. 이것은 태양과 행성을 나타내는 여러 크기의 공을 사용한다. 찰흙으로 만들거나 간단히 딱딱한 종이를 적당한 크기의 원으로 잘라서 만들 수도 있다. 이렇게 만든 것을 벽에다 붙이거나 바닥에 늘어놓아도 되고 칠판에 행성 궤도를 분필로 그려도 된다. 아래 표는 이러한 모형을 만드는데 필요한 값을 나타낸 것이다.

	수성	금성	지구	화성	목성	토성	천왕성	해왕성
태양에서의 평균거리 (백만 마일)	36	67	93	141	489	886	1,782	2,793
직경(마일)	3,000	76,000	7,900	4,200	87,000	72,000	31,000	33,000

(2) 행성 관찰하기

별자리도를 이용하여 일 년 중 해당 계절에 볼 수 있는 행성을 쉽게 육안으로 구별할 수 있다. 학생들에게는 행성을 구별하는 방법과 망원경을 사용하는 방법을 가르쳐 주어야 한다.

D. 지구에 대한 실험

(1) 지구 자전을 나타내는 푸코 진자

푸코 진자는 C형 클램프를 이용하여 쉽게 매달 수 있다. 실

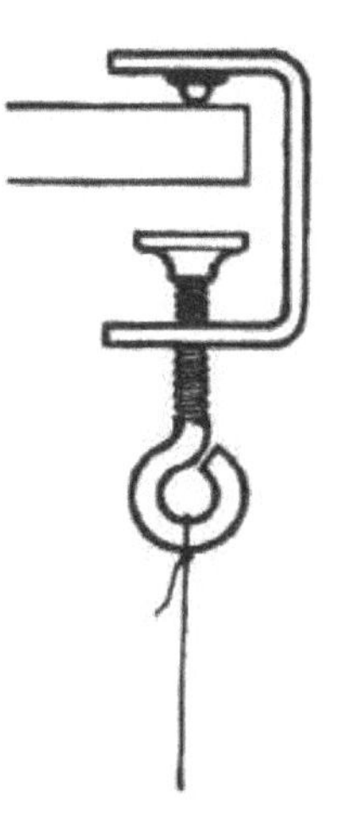
〈그림 207〉

내에서 쇠공을 튼튼한 실에 매달고 진자가 흔들릴 때 진동하는 위치를 표시하면 몇 시간이 지난 뒤에 진동면이 바뀌는 것을 관찰할 수 있다. 물론 이것은 쇠공의 아래에 있는 지구가 자전하여 나타나는 효과인 것이다.

강철 공을 매달 때는 늘어나지 않는 끈을 사용하며 길이는 별로 관계가 없으므로 3~30m 범위이면 된다.

바닥에는 압핀으로 흰 종이를 고정시키고 기준선을 그려 놓는다. 진자를 기준선에 따라 정확히 진동시키기 위해서 긴 실을 쇠공에 매고 기준선을 따라 잡아 당긴 뒤 불로 태워서 끊는다. 여러 번 실험을 해야 되지만 실험 결과는 잘 나타난다(그림 207).

(2) 간이 경위의와 천체 관측기 만들기

간이 경위의나 천체 관측기를 각도기에 음료수 빨대를 붙여서 만든다. 고정 못에 연수선을 달아서 수직을 유지하고 별이나 다른 물체의 관측 각을 젤 수 있도록 한다.

좀 더 개선된 모형은 남북 방향에서의 각도와 방위를 알 수 있는 장치를 만들 수 있다. 가운데 구멍이 뚫린 동전을 와셔로 사용하고 양철 조각을 수평각을 나타내는 장치로 이용할 수 있다. 이러한 간단한 모형들이 과거의 여러 실험과 발견에 이용되어 왔다(그림 208).

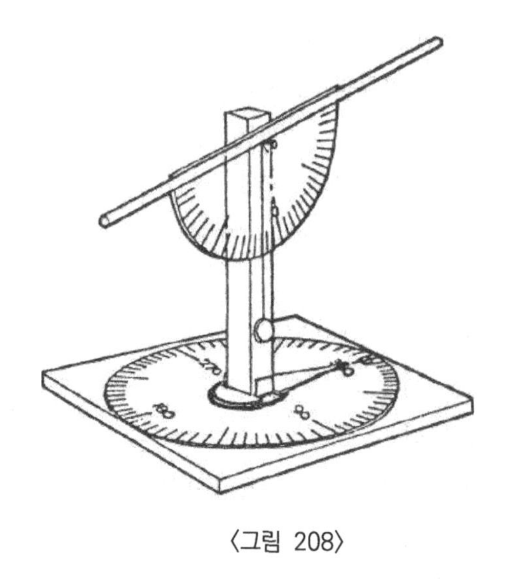

〈그림 208〉

(3) 해시계 만들기

오래 사용하기 위하여 해시계는 금속이나 페인트를 칠한 나무로 만들어야 한다. 간단한 실험을 하려면 딱딱한 종이로 만들어도 된다. 그림자를 만드는 바늘은 아래각이 해시계를 놓을 장소의 태양 고도와 일치하는 직각 삼각형으로 만든다. 직각 삼각형의 빗변이 북극을 향하도록 붙여야 하고 시간 표시는 바닥에 그려야 한다.

또 다른 모양의 해시계를 직경 4cm 정도의 유리관으로 만들 수도 있다. 이 때 바늘은 철사를 사용하고 바닥에 일정한 각으로 고정시킨다. 눈금을 등간격으로 24개의 눈금을 만드는데 유리관 둘레에 그린다. 바늘의 그림자가 시간을 나타낸다. 유리관은 코르크로 고정시킨다.

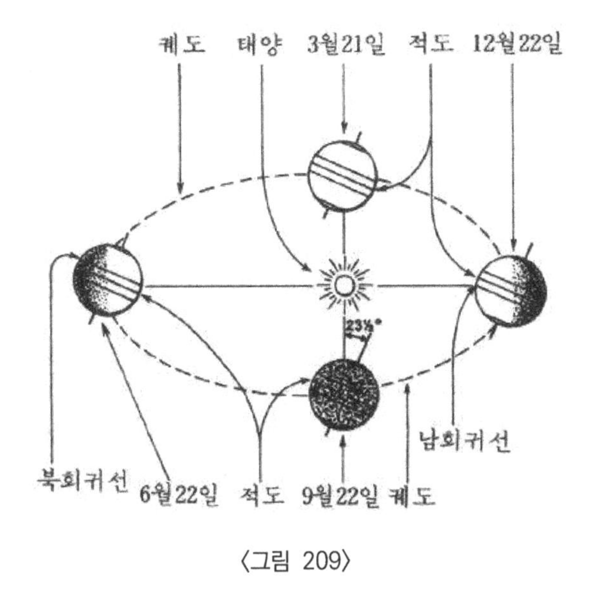

〈그림 209〉

(4) 지구와 달의 간이 모형

지구는 오렌지나 다른 둥근 물체를 대나무나 철사를 꿰어서 만든다. 또 구부러진 철사에 둥근 밤이나 호두를 꿰어서 달을 만든다. 달의 위상 변화와 지구의 공전 그리고 일식과 월식이 생기는 원리는 전구 주위를 둥글게 돌아가면서 만들어 볼 수 있다.

(5) 4계절이 생기는 현상 실험

테니스공 같은 것을 이용하여 지구를 만들자. 길이 15cm의 철사로 공을 뚫어 지구의 축을 만든다. 종이에 직경 40cm 정도의 원을 그려서 지구 궤도라고 하자. 4등분하여 각 지점에 동서남북 표시를 한다. 종이 중심에서 15cm 높이에 전구를 켜서 태양을 만든다. 물론 촛불을 사용해도 된다. 지구를 나타내는 공을 네 지점에서 23.5° 기울여 본다. 항상 빛을 받고 있는 부분이 어느 정도인가 관찰해 보자. 네 지점에서 북반구가 태양 광선을 비스듬히 받는 경우는 어느 때인가? 지구 축을 똑바로 하여 같은 실험을 해 보고 이때에는 어떤 결과가 되는지 이야기해 보자(그림 209).

(6) 밤과 낮의 길이가 달라지는 이유 관찰

앞의 실험 장치를 사용한다. 공에 적도를 나타내는 원을 그린다. 북반구와 남반구에 점을 찍어서 도시를 나타내자. 공을 다시 네 지점에 놓고 이번에는 지구를 자전시켜 가면서 여러 지점의 도시가 얼마나 오래 빛을 받고 있는지 관찰하자. 양극이 6개월 동안 낮이고 6개월 동안은 밤이 되는 현상도 관찰해 보자.

(7) 태양이 비스듬히 비칠 때의 효과 관찰

종이를 구부려 단면적 4㎠, 길이 32cm의 원통을 만든다. 또 딱딱한 종이를 준비하여 길이 23cm, 폭 2cm의 종이테이프를 만든다. 이것을 원통의 한쪽에 15cm 정도 나오게 하고 붙인다. 종이테이프의 한쪽 끝은 책상에 붙이고 원통을 25° 정도 기울인다. 전지나 전구로 원통의 위쪽에서 비치고 원통을 통해서 책상 위에 비치는 면적을 그려 보자. 이러한 실험을 원통의 기울기를 15°로 하여 반복해 보자. 원통을 수직으로 세우고 실험해 보자. 세 지점에서의 크기를 비교해 보고 각각의 면적을 구해 보자. 광선이 비스듬히 비칠 때 태양으로부터 받는 열과 빛의 양은 증가하는가?

(8) 막대의 그림자 길이 측정

학교 운동장 같은 곳에 130cm 정도의 나무 막대기를 세우고 그림자의 길이를 측정해 보자. 여러 계절의 같은 시각에 두세 번씩 측정해 보자.

(9) 태양 광선이 비추는 각도 측정

종이에 직경 1cm 정도의 구멍을 뚫는다. 이것을 태양빛이 들어오는 교실의 남쪽 창가에 놓고 이 구멍을 통해서 들어온 빛이 마룻바닥이나 책상 위에 놓인 흰 종이에 오도록 한다. 종이 위에 비친 모양을 그린다. 매일 같은 시각에 이러한 활동을 반복해 보자.

E. 달에 관한 실험

(1) 달의 모양 관찰

한 달 동안에 걸쳐 밤에 달의 모양을 관찰하고 그려 보자.

(2) 달의 모양아 변하는 원인 조사

어두운 방안에서 책상 위에 촛불이나 전구를 켜 놓는다. 직경 8cm 정도의 흰 공을 준비한다. 공을 손으로 잡고 팔을 펴서 빛을 등지는 위치에 놓는다. 공을 약간 위로 올려서 빛이 공에 닿도록 한다. 빛이 비치는 부분을 관찰해 보자. 이것이 보름달이다. 오른쪽에서부터 서서히 왼쪽으로 돌아가며 빛이 비치는 모양이 변하는 것을 조사해 보자. 달의 모양이 변하는 것을 볼 수 있는가? 한 학생은 공의 위치를 변경해가며 다른 학생은 공의 모양이 변하는 모습을 그려 보자.

(3) 월식 현상 관찰

전구나 촛불로 어두운 방에서 태양을 만든다. 직경 8cm 정도 크기의 공을 손에 잡고 지구라 하고 다른 손에 잡은 직경 2cm 정도의 공은 달이라고 하자. 지구를 나타내는 공을 빛이 비치는 쪽에 놓아 그림자가 생기는 모습을 관찰하자. 다음에 작은 공을 이 그림자 속으로 통과시킨다. 달이 지구의 그림자에 가려지는 월식 현상이 나타난다.

제13장
암석과 흙, 광물과 화석에 대한 실험

암석과 흙, 광물과 화석은 학생들에게 항상 관심의 대상이 된다. 이러한 소재는 주변에서 쉽게 구할 수 있으므로 과학을 가르칠 때 매우 중요한 역할을 한다.

교사는 학생들이 가져오는 모든 종류의 암석 이름을 알려 줄 필요는 없지만 전문 용어를 사용하지 않고도 암석과 광물에 대하여 많은 것을 가르쳐 줄 수는 있다.

어떤 암석은 모래가 굳어서 된 거친 것도 있는데 이런 암석은 사암이라고 한다. 또 어떤 암석은 화강암처럼 작은 반점과 유리질로 이루어진 것도 있다. 이런 암석은 화강암류 암석이라고 부른다. 또 점판암이나 석회암, 층상 구조를 갖는 셰일 같은 암석은 강가에서 쉽게 발견된다. 이런 식으로 간단하고 전문적으로 복잡하지 않은 용어를 써서 대부분의 암석을 구분하고 분류할 수 있다.

암석은 생성 원인에 따라 보통 세 종류로 분류한다.

① 퇴적암은 강에서 진흙이나 점토가 퇴적되어 생긴다. 보통 층리를 가지고 있으며 셰일과 석회암이 그 예이다.
② 화성암은 마그마가 냉각되어 생긴다. 화산암과 석영 반암이 좋은 예이다.
③ 변성암은 퇴적암이나 화성암이 고온 고압의 영향으로 생긴다. 예를 들면 석회암이 대리암으로, 셰일이 점판암으로 되는 것이다.

A. 암석과 광물

(1) 암석 수집

학급에서 암석을 수집하는 방법으로 학생들에게 주워 오도록 할 수 있다.

학생들에게 모든 암석의 이름을 알지 못해도 관계없다는 설명을 해준다. 비슷한 것끼리 모아 놓도록 하며 형태, 색깔 등의 특성에 따라 분류해 보자. 여러 가지 방법으로 암석을 분류하는 방법을 알아보자.

(2) 암석 관찰

암석 하나를 골라서 자세히 관찰하여 가능한 한 많은 것을 알아내 보자. 납작한 암석은 퇴적암의 조각이나 층리 모양일 수도 있다. 이러한 암석들은 수백만 년 전에 퇴적물이 굳어서 생성된 것이다. 작은 모래들이 굳어서 된 것은 사암의 일종이며 자갈끼리 서로 붙어서 된 암석은 역암의 일종이다. 둥글둥글한 암석은 물의 작용 때문일 것이다. 확대경으로 암석을 관찰해 보자. 반점과 유리질이 거의 없는 암석은 오래 전에 지각 깊은 곳에서 솟아난 암석이다. 이와 같이 여러 가지 방법으로 암석들을 관찰하면서 학생들은 암석의 수집과 관찰에 더 큰 흥미를 느끼게 될 것이다.

(3) 개인별 암석 수집

학생들이 스스로 암석을 수집해 보도록 호기심을 높여 주어야 한다. 작은 종이 상자 등을 암석 수집용으로 사용할 수 있다. 암석 표본을 상자 속에 칸막이를 하여 따로따로 보관한다.

수집한 암석을 분류하여 각각 번호를 붙이며 상자 겉에는 목록표를 만들어 붙인다. 학생들은 수집한 암석들을 서로 바꿔가면서 각자의 상자를 채워 나가는데 흥미를 갖게 된다.

(4) 깨진 암석 관찰

암석을 깨뜨려 보자. 깨진 부분을 다른 부분과 비교하여 보자. 암석을 깰 때는 헝겊으로 싸서 큰 암석 위에 놓고 망치로 때리면 안전하다. 이 때 헝겊은 암석 조각이 튀어나가는 것을 막아준다.

(5) 석회암 실험

어떤 암석이 석회암인가를 알아보려면 레몬 주스나 식초 또는 묽은 산을 그 위에 몇 방울 떨어뜨려 본다. 석회암은 묽은 산을 떨어뜨린 곳에서 거품이 일어나거나 기포가 생긴다. 이 기포는 석회암이 묽은 산과 반응하여 이산화탄소가 발생하여 생기는 것이다. 대리암도 석회암이 변성된 것이므로 이러한 반응이 일어난다.

(6) 확대경으로 깨진 암석 관찰하기

확대경을 사용하여 깨진 암석을 관찰하고 결정을 찾아보자. 다른 광물은 서로 결정의 크기, 모양, 색깔이 다르다.

(7) 확대경으로 모래 관찰하기

모래를 확대경이나 저배율의 현미경으로 관찰해 보자. 이 때 거의 무색의 결정은 지표에서 많이 분포하는 석영이라고 부르는 광물이다. 다른 광물의 결정도 모래에서 발견된다. 어떤 것들이 관찰되는지 조사해 보자.

(8) 암석과 광물의 뜻

전문가들이 말하는 이들 두 낱말의 뜻을 알아보자. 암석은 보통 지구상에서 많은 양으로 발견되는 광물질을 말한다. 단일 광물로 구성된 것도 있으나 대부분의 암석은 여러 광물의 혼합체이다. 광물은 지구상에서 자연적으로 발견되는 물질로서 일정한 화학 조성이며 독특한 성질을 갖고 있다.

(9) 암석의 야외 채집

암석의 야외 채집은 교사와 함께 떠난다. 어떻게 암석을 채집하는가 관찰하자. 퇴적암이라면 지층도 함께 관찰해 보자. 암석 표본을 후에 실험실에서 조사하기 위하여 채집한다. 식물이나 동물의 화석이 있는지 찾아보자. 야외 채집 계획은 노출된 암석이 있는 곳이나 가까이에 있는 탄광 같은 곳으로 세운다.

(10) 암석과 광물 표본의 전시

수집된 암석과 광물 표본은 소석고로 바닥을 만들어 세워 두면 좋다. 석고 가루를 물과 섞어 반죽을 만든다. 이 반죽을 기름종이로 틀을 만들어 놓은 양철통 뚜껑에 1cm 두께로 덮는다. 반죽이 굳기 전에 작은 암석이나 광물 표본을 그 위에 올려놓고 눌러서 잘 보이도록 세운다. 각각의 이름을 써서 흰 바닥에 붙이고 투명한 니스 같은 것으로 칠한다.

B. 인조석

(1) 시멘트와 콘크리트

시멘트를 조금 준비한다. 이것을 물과 섞어서 깡통 뚜껑, 종이 컵, 작은 종이 상자 속에 넣고 굳어질 때까지 둔다. 여러 가지 나타난 현상과 성질을 조사하자. 한쪽을 깨뜨려서 관찰해 보자. 시멘트를 두 배의 모래나 자갈과 섞는다. 이것이 콘크리트인데 물을 넣고 잘 섞은 뒤 굳어지는 현상과 특징을 조사해 보자.

(2) 석고

석고 가루를 준비하여 물을 조금 넣고 잘 섞는다. 이 때에 빨리 일을 해야지 중간에 굳어지는 경우도 있다. 그릇에서 잘 섞어서 굳어질 때가지 둔다. 나타난 현상과 특징을 조사하자.

(3) 건축 재료의 수집

주변에서 쉽게 구할 수 있는 대리석, 화강암, 슬레이트, 석회암, 벽돌, 시멘트, 석고 등의 여러 가지 건축 재료를 수집해 보자. 이들 표본에도 이름을 써서 붙인다.

C. 원소와 화합물

(1) 원소 수집

원소 표를 가지고 가능한 한 여러 가지 표본을 수집하자. 철, 알루미늄, 아연, 주석, 구리, 납, 금, 은, 수은, 황 등의 표본을 모아 보자.

(2) 화합물의 수집

가능한 여러 가지 화합물도 수집해 보자. 소금, 설탕, 녹말, 소다, 황산구리, 표백분, 석고, 고무, 양털, 면 등의 화합물을 수집할 수 있을 것이다.

D. 화산 모형 만들기

화학 약품 가게에서 500g의 중크롬산 암모늄과 125g의 마그네슘 가루, 30g의 마그네슘 리본을 준비한다. 이 정도의 비교적 저렴한 가격의 약품을 준비하면 30~40번의 화산 분출 실험을 할 수 있다.

진흙을 준비하고 나무판자로 바닥을 만들어 그 위에 진흙으로 높이 30cm, 밑면 직경 60cm 정도의 분화구를 만든다. 나무 막대로 분화구 꼭대기에서 5~7cm 깊이의 구멍을 만든다.

만든 구멍에 두 번 정도로 채울 만큼의 중크롬산 암모늄을 종이 위에 놓는다. 약간의 마그네슘 가루를 중크롬산 결정과 잘 섞는다.

혼합된 것은 분화구에 절반 정도 넣는다. 마그네슘 리본을 7.5cm 길이로 잘라서 한쪽 끝을 분화구 속의 혼합물에 넣는다. 다른 끝은 퓨즈용으로 밖으로 나오도록 한다. 마그네슘 리본에 성냥불을 붙이고 뒤로 물러난다. 만일 몇 분을 기다려도 화산 분출이 일어나지 않으면 다른 퓨즈를 넣고 다시 해 본다. 분출 현상이 일어난 후에도 분화구에 남아 있는 물질은 뜨겁기 때문에 나머지 혼합물을 부어 넣으면 두 번째의 분출 현상을 관찰할 수 있다.

E. 흙

(1) 흙의 종류

가능한 한 여러 곳의 흙을 유리병 속에 수집하자. 모래흙, 찰흙, 진흙, 부식물이 많은 흙을 채집한다. 확대경으로 채집된 각종 흙을 관찰해 보자.

(2) 흙 알갱이의 크기 관찰

병 속에 1/2리터 정도의 물을 넣고 한 줌의 흙을 넣는다. 병에 물을 가득 채우고 충분히 흔들어 준다. 병을 여러 시간 동안 세워둔다. 무거운 알갱이가 먼저 가라앉고 가벼운 알갱이는 천천히 가라앉을 것이다. 병 속의 층상 구조는 흙 알갱이의 무게 순서가 될 것이다.

병 속의 물을 가만히 쏟아낸다. 다음에 확대경으로 각 층에 있는 알갱이를 관찰해 보자.

(3) 흙 속에 있는 공기의 조사

유리병 속에 어느 정도의 흙을 넣고 그 위에 물을 조금씩 부어 보자. 기포가 흙에서부터 위로 올라오는 것을 관찰해 보자.

(4) 흙이 암석에서 생기는 것을 보여주기

유리 조각을 불로 조심스럽게 가열한 뒤 찬물에 넣어 보자. 유리를 갑자기 냉각시키면 깨진다. 암석을 매우 뜨겁게 가열했다가 찬물에 담가 보자. 암석은 가열할 때도 냉각시킬 때도 깨질 것이다. 흙이 만들어지는 첫 단계는 온도 차이로 암석이 깨지는 것이다.

(5) 왜 냇물이 흐릴까?

많은 비가 내린 뒤, 고여 있는 흙탕물을 유리병 속에 담아 보도록 하자. 유리병을 오랜 시간 세워두어 앙금이 가라앉게 하고 관찰하여 보자.

(6) 암석에서 흙이 생성되는 과정

주변에서 세일이나 풍화된 석회암 같은 단단하지 않은 암석을 찾아보자. 이것을 실험실로 가져와서 작은 알갱이로 만들어 보자.

(7) 식물 성장에 영향을 주는 흙

정원이나 채소밭, 숲, 웅덩이, 모래밭, 진흙 등이 있는 곳에서 부식토를 채집한다. 각각을 병 속에 분리해서 넣는다. 씨앗을 심고 같은 양의 물을 준다. 어떤 흙에서 씨앗이 먼저 돋아나는지 관찰하자. 식물이 어떤 흙에서 잘 자라는지 관찰해 보자.

(8) 흙 속에 포함된 수분 조사

약간의 흙을 작은 그릇에 담고 서서히 가열하자. 뚜껑을 씌우고 가장자리 찬 곳에서 물방울이 맺히는 것을 관찰하자.

(9) 겉흙과 속흙의 기름진 정도 조사

정원에서 겉에 있는 흙을 채집하고 또 50cm 정도 깊이의 흙을 채집하자. 각각 다른 병에 넣고 씨앗을 넣는다. 양쪽에 같은 양의 물을 주고 온도 밝기를 같도록 해 준다. 어느 쪽에 서 식물이 잘 자라는지 관찰해 보자.

(10) 콩의 뿌리혹박테리아 관찰

클로버, 콩, 완두콩 같은 콩과 식물을 조심스럽게 캐어 보자. 물로 뿌리에 있는 흙을 씻어낸다. 뿌리에 있는 흰 돌기나 작은 혹을 관찰해 보자. 이 혹 속에는 질소 합성 박테리아가 있다. 이 박테리아는 공기 중의 질소를 분리하여 식물이 흡수할 수 있는 상태로 만들어 준다.

(11) 여러 종류의 흙으로 물이 올라가는 모습 조사

몇 개의 유리관 끝을 헝겊으로 막고 그 속에 15cm 높이로 여러 종류의 흙을 담는다. 모래, 진흙, 작은 자갈, 찰흙 등의 흙을 사용한다. 이것을 물이 3cm 정도 든 통 속에 세운다. 모세관 현상으로 어떤 흙으로 물이 가장 높이 올라가는지 조사해 보자.

(12) 어떤 흙이 물을 많이 저장하는지 알아보기

유리관의 한쪽 끝을 헝겊으로 막고 여러 종류의 흙을 8cm 정도씩 넣는다. 모래, 진흙, 작은 자갈 등의 흙을 사용한다. 흘러나오는 물을 담을 접시를 각 유리관 아래쪽에 준비한다. 다음에 측정된 일정한 양의 물을 새어나올 때까지 붓는다. 물이 새어나올 때까지 어떤 종류의 흙에 가장 많은 물을 부어야 하는지 조사해 보자.

(13) 모세관 현상 관찰

접시에 물을 담고 잉크를 몇 방울 떨어뜨린 후 거름종이를 닿도록 한다. 거름종이에 물이 올라가는 모습을 관찰하자. 설탕물 방울을 떨어뜨린 후 올라가는 모습도 관찰해 보자. 물 가까이에 약한 전등불을 놓고 관찰하자.

(14) 모세관으로 물이 올라가는 모습 관찰

유리관을 불에 달구어 가늘게 만들자. 유리관을 잘라서 아래쪽으로 5cm 정도 나오게 하여 종이판 위에 붙인다. 이것을 물감을 넣은 물 위에 세우고 물이 올라가는 모습을 관찰해 보자(그림 210).

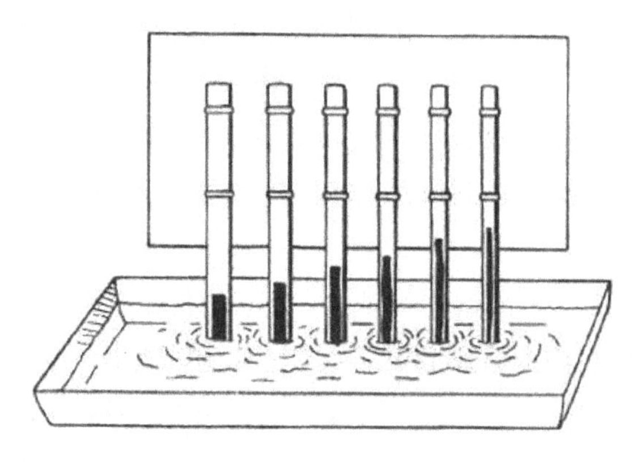

〈그림 210〉

(15) 거친 흙에 대한 비의 영향

망치와 못을 사용하여 깡통의 바닥에 구멍을 뚫어 물뿌리개를 만든다. 그 속에 거친 흙을 채우고 약간 눌러 준다. 동전이나 병마개를 흙 위에 놓는다. 각 깡통을 큰 그릇에 놓고 비가 올 때처럼 물을 뿌린다. 첫 번째 깡통에는 물을 조금 마른흙비가 적게 온 경우 비가 많이 온 경우 뿌려서 비가 조금 올 때의 경우를 만들고 점차로 물을 많이 뿌려서 비가 많이 올 때의 경우를 만든다. 동전이나 병마개로 덮지 않은 곳의 흙이 얼마나 패였는지 조사해 보자(그림 211).

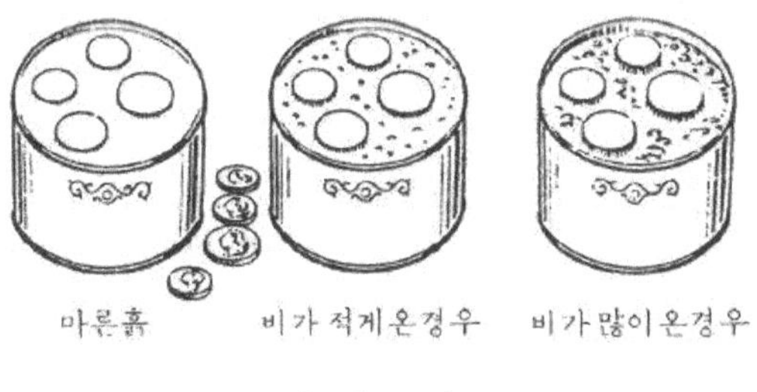

〈그림 211〉

(16) 경사진 곳의 흙에 대한 비의 영향

높이가 낮은 깡통이나 상자에 굳은 흙을 채운다. 경사지게 한 뒤 비를 맞게 해 본다. 빗방울이 경사가 낮은 쪽으로 어떻게 흙을 패이게 하는지 관찰하자.

(17) 흙에 대한 빗방울의 충돌 현상 조사

흰 종이를 흙으로 덮어서 받침 접시 위에 놓는다. 스포이드에 물을 담아 약 1m 위에 위치시킨다. 물방울을 떨어뜨리고 흙이 얼마나 파이는지 조사하자. 이번에는 떨어지는 물방울을 연필 같은 것으로 중간에서 막아 보자. 식물은 이런 방법으로 흙이 파이는 것을 막아주는 것이 아닐까?

(18) 비는 흙의 변화에 어떤 영향을 줄까?

흰 종이를 종이 판지 위에 클립으로 고정시킨다. 바닥에 수평으로 놓는다. 물감을 탄 물방울을 스포이드로 떨어뜨린다. 떨어진 물방울의 크기와 모습을 관찰하자. 이번에는 경사를 만들어 같은 실험을 해 보자. 기울기와 물방울의 크기를 달리하면서 물이 떨어지는 높이에 따라 어떻게 변하는지 여러 가지로 실험해 보자. 여러 가지 색깔의 물로 실험해 가며 결과를 기록하자(그림 212).

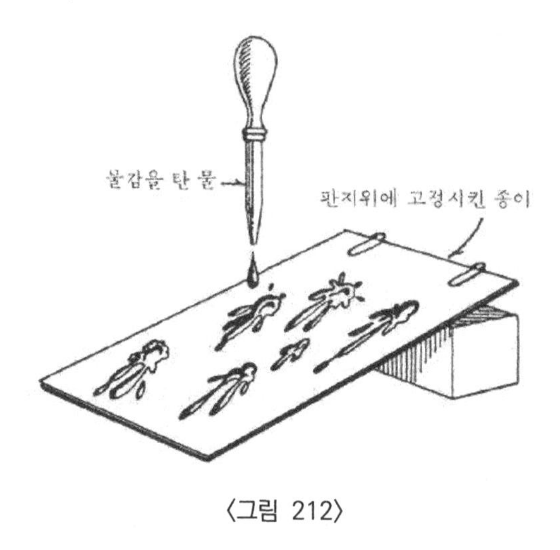

〈그림 212〉

(19) 표토에 대한 물의 낙하 영향

화분을 모래흙이나 진흙으로 채운다. 여러 시간 동안 물이 떨어지는 곳에 둔다. 물방울에 의해 점토와 여러 가지 물질이 튀어나간 것을 관찰해 보자.

(20) 지표에 대한 비의 영향

상자나 깡통에 모래 더미를 만든다. 물뿌리개로 물을 뿌려보자. 흐르는 물이 모래를 운반하여 아래쪽으로 퇴적시키는 현상을 관찰하자.

(21) 흐르는 물에 의한 침식

아래 그림과 같이 두 개의 통로를 만들자. 물통이나 유리병으로 물을 받을 수 있도록 하자.

ⓐ 한쪽은 거친 흙, 다른 쪽은 굳은 흙으로 채운다. 약간 경사지게 한 뒤 같은 양의 물을 뿌린다. 어떤 쪽의 흙이 빨리 씻겨 나가는지와 그 모습을 관찰하자.

ⓑ 이번에는 양쪽에 같은 흙으로 채우고 한쪽은 잔디로 덮자. 앞에서와 같이 실험하여 침식과 물이 흐르는 모습을 관찰하자.

ⓒ 양쪽에 같은 흙을 넣고 한쪽은 경사가 심하게 하자. 앞에서와 같이 실험해 보자(그림 213).

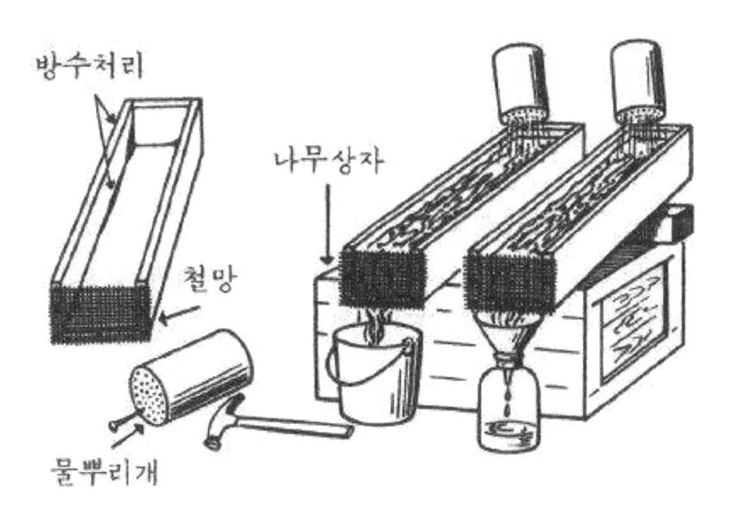

〈그림 213〉

(22) 침식을 막는 방법

앞의 실험 장치를 이용하자.

ⓐ 거친 흙으로 양쪽 통로를 채우고 경사도 같게 한다. 한 쪽은 아래에서 위로 도랑을 만들고 다른 하나는 가로로 도랑을 만든다. 같은 양의 물을 흘려 보내자. 각 경우 침식과 물이 흐르는 모습을 관찰해 보자.

ⓑ 이번에도 다시 거친 흙으로 양쪽을 채우고 작은 골짜기가 생기도록 물을 붓는다. 작은 돌이나 나뭇가지로 어느 정도 간격을 두어 골짜기에 놓는다. 물을 흐르도록 하면서 골짜기를 막은 효과를 관찰해 보자.

(23) 침식 현상의 야외 조사

주변에서 흐르는 물이 골짜기를 이루어 놓은 곳을 찾아가 보자. 여기서 침식에 대한 공부를 하자. 어떤 원인으로 생기는 것일까? 어떻게 침식을 막을 수 있을까? 지금까지 어떤 현상이 일어난 것일까?

(24) 학교 운동장의 보호

대부분의 학교 운동장은 물이 흘러서 패이게 된다. 침식을 막을 수 있는 방법을 이야기해 보자.

F. 화석

(1) 화석을 발견할 수 있는 곳

보통 화석은 채석장이나 암석이 깨져나간 곳에서 발견할 수 있다. 화석에 대하여 아는 사람과 함께 화석을 채집하러 나가 보자. 화석은 연한 역청탄을 캐낸 곳에서 찾을 수도 있다. 덩어리를 조심스럽게 깨고 깨진 표면에서 나뭇잎이나 고사리의 흔적을 찾아보자.

화석을 찾아낼 수 없으면 과학관 같은 곳을 방문하거나 연구기관에도 도움을 요청하여 조사해 보자.

(2) 화석이 만들어지는 과정

나뭇잎에 바셀린을 발라서 유리나 미끄러운 표면 위에 놓는다. 종이를 둥글게 하거나 판자로 나뭇잎 가장자리를 누르고 찰흙으로 고정시킨다. 다음에 석고를 섞어서 나뭇잎 위에 붓는다. 석고가 굳은 뒤 나뭇잎을 떼어내면 훌륭한 나뭇잎 흔적을 얻을 수 있다. 화석은 이런 과정으로 만들어지는데, 즉 슬리트가 덮여진 뒤 굳어져서 암석으로 된다. 조개나 굴 껍질 등을 사용하여 이러한 흔적을 만드는 실험을 해 보자.

(3) 화석을 보관하는 방법

화석을 쉽게 채집할 수 있는 지역이 있으면 학교 실험실에 화석 표본을 모아 놓는 것도 흥미로운 일이다. 화석도 암석이나 광물을 앞에서 설명한 대로 석고 위에 세워 보관 전시할 수 있다.

제14장
식물 실험에 필요한 기본 재료 및 기구

A. 뿌리

(1) 뿌리털을 자라게 하는 방법

젖은 헝겊에 무씨나 겨자씨를 놓고 기르면 뿌리 곁에서 뿌리털이 생긴 것을 쉽게 관찰할 수 있다.

그림과 같은 유리그릇에 물을 넣고, 살레에 무씨나 겨자씨를 넣어 두면 싹이 터서 뿌리가 자라게 된다. 이 때, 다른 유리그릇으로 뚜껑을 덮으면 습기가 증가되어 더 빨리 뿌리가 자라게 된다(그림 214).

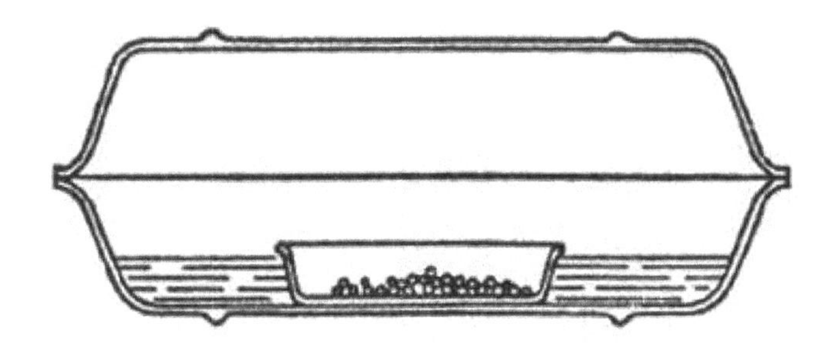

〈그림 214〉

(2) 뿌리털의 관찰

돋보기를 가지고 뿌리털을 관찰해 보자. 뿌리털은 어떻게 생겼으며 그 자란 모습은 어떠한지 그려 보자.

(3) 뿌리의 물 흡수 실험

뿌리가 있는 세 개의 비슷한 식물을 그림과 같이 3개의 시험관에 각각 꽂아 보자. 시험관 ①에는 물을 넣고, 시험관 ②에는 붉은 잉크물, 시험관 ③에는 콩고 레드(Congo Red : 붉은 염색 가루)를 넣은 물을 넣었다. 2~3일 후에 각 식물의 뿌리와 줄기의 색깔을 비교해 보자. 시험관 ①과 시험관 ③의 식물은 아무 변화도 없으나, 시험관 ②의 식물은 붉게 물들어 있을 것이다.

이 실험으로 우리는 식물의 뿌리는 물을 흡수한다는 사실을 알 수 있다(그림 215).

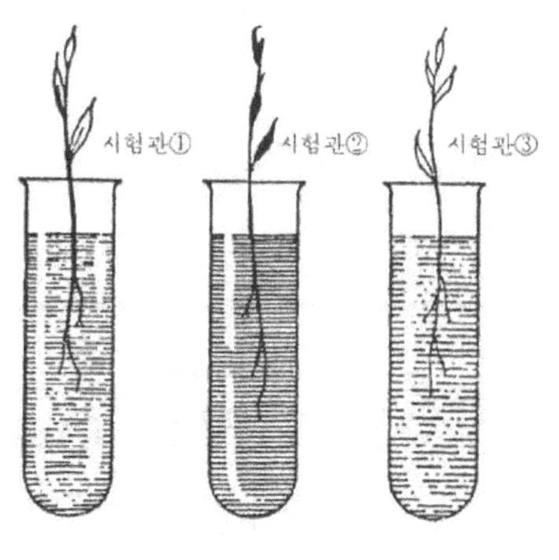

〈그림 215〉

(4) 당근을 이용한 삼투 실험 장치

비교적 위쪽이 큰 당근을 골라서 윗부분을 직경이 2~3cm 정도 되게 판다. 깊이는 약 3cm 정도 되게 하고 그 속에 진한 설탕물을 넣는다. 당근의 구멍에 고무마개를 끼우고, 가는 유리

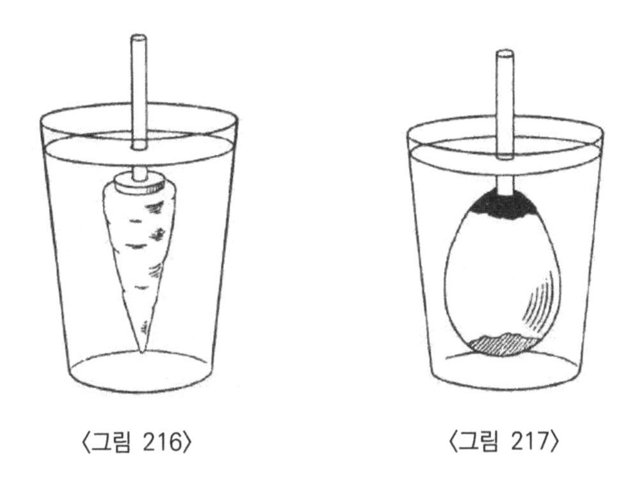

〈그림 216〉 〈그림 217〉

관을 꽂는다. 이 때, 고무마개의 주변을 양초를 녹여서 꼭 막아준다. 몇 시간 후에 유리관 속의 물높이 변화를 관찰해 본다(그림 216).

(5) 달걀을 이용한 삼투 실험 장치

오목한 접시에 깊이 1cm 정도의 묽은 염산이나 강한 빙초산을 넣고, 달걀의 한쪽 끝을 담근다. 달걀의 한쪽 껍질이 모두 녹을 때까지 가만히 놓아둔다.

달걀의 단단한 껍질이 모두 녹고, 속에 있는 얇은 막이 나타나면 달걀을 꺼내 물로 염산을 씻은 후, 달걀의 반대쪽에 스트로나 가는 유리관을 꽂는다. 이 때, 달걀껍질이 깨지지 않도록 주의해야 한다. 유리관과 달걀껍질 사이의 틈을 양초를 녹여 봉한다.

달걀의 얇은 막을 밑으로 하여 물속에 달걀을 넣는다. 시간이 지남에 따라 유리관 속의 액체의 높이를 조사해 보자(그림 217).

(6) 간단한 삼투압 측정기

작은 유리병의 밑을 직경 2.5cm 정도 되게 잘라낸 후, 구멍이 뚫린 고무마개를 끼운다. 고무마개의 구멍에 길이 50cm 되는 유리관이나 스트로를 꽂는다. 유리병의 입구 쪽에 셀로판지를 댄 후, 고무줄로 꼭 맨다. 유리병 속에 진한 설탕물을 넣고, 유리관을 끼운 고무마개를 막는다.

설탕물이 든 유리병을 그림과 같이 물이 든 용기 속에 거꾸로 고정시킨다. 시간이 지남에 따라서 유리관 위로 올라가는 설탕물의 높이를 관찰해 보자. 삼투압을 알아볼 수 있는 간단한 실험 장치가 될 것이다(그림 218).

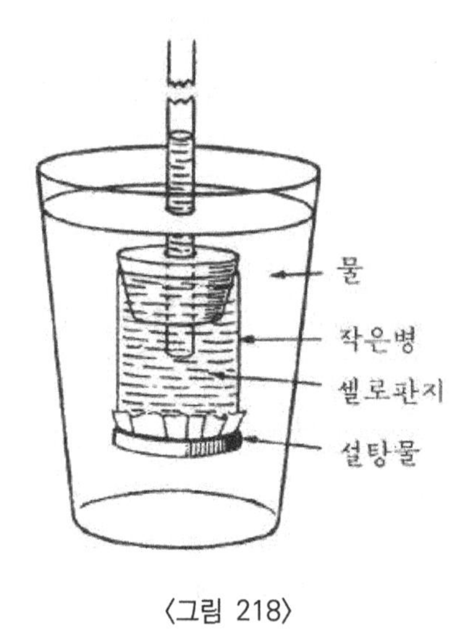

〈그림 218〉

(7) 중력이 뿌리에 미치는 영향

흡수지를 8㎠ 크기로 여러 개 자른다. 두 장의 유리판 사 이에 흡수지를 끼우고 여러 장 유리판과 흡수지 사이에 무씨나 겨자씨를 넣는다.

두 장의 유리관을 고무줄로 단단히 묶어 속에 있는 흡수지와 씨가 빠지지 않게 한 후, 물이 들어 있는 그릇에다 세워 놓는다. 물이 유리 틈사이로 들어가 흡수지를 적시게 되면, 씨앗이 싹이 트게 된다. 씨앗에서 뿌리가 어느 정도 나오면, 유리판을 90° 돌려서 세운다. 뿌리가 자라는 방향을 관찰해 보자.

중력이 뿌리에 미치는 영향을 알아보는 또 다른 방법은 그림과 같이 물에 불린 강낭콩을 가는 핀에 꽂아 고무마개에 붙여 놓는다. 병 속에는 물에 젖은 솜을 넣어 습기가 차게 한다.

며칠 후, 뿌리가 나오게 되면 콩의 위치를 돌려놓는다. 뿌리가 자라는 방향을 관찰해 보자(그림 219).

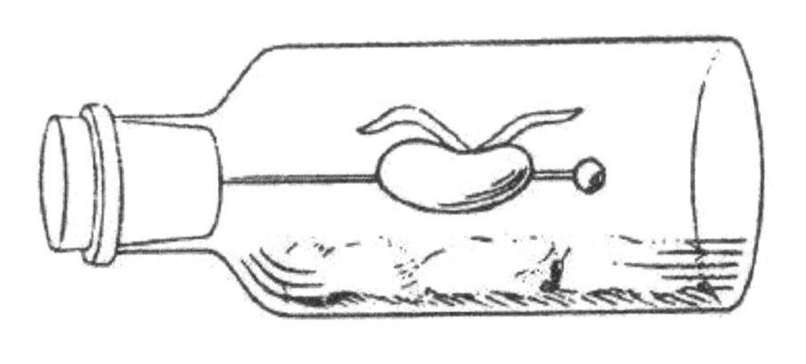

〈그림 219〉

(8) 물이 뿌리에 미치는 영향

유리그릇에 흙을 담고 한쪽 편에 씨앗을 발아시켜 뿌리를 자라게 한다. 뿌리가 약 5cm 정도 자라면 다른 한쪽에다 물을 넣어 준다. 이 때, 식물에는 물이 닿지 않도록 한다. 약 1주일 정도 물을 준 후, 흙을 파서 뿌리가 굽어져 있는 모양을 관찰해 보자. 뿌리가 굽어진 방향과 물을 준 쪽의 방향과 어떤 관계가 있을까?

(9) 식물의 부분에 따라 뿌리가 자라는 모양

모래 상자를 튼튼하게 만든 후, 빛이 직접 비치지 않는 응달에 둔 후, 물을 계속 주면서 모래에 습기가 있도록 하자. 그리고 다음과 같은 식물을 심어 보자.

ⓐ 여러 가지 구근(둥근 뿌리)
ⓑ 베고니아나 제라늄의 줄기 자른 것
ⓒ 마디가 있는 사탕수수 줄기
ⓓ 마디가 있는 대나무 줄기
ⓔ 당근이나 무 혹은 사탕무의 윗부분
ⓕ 양파
ⓖ 붓꽃의 줄기
ⓗ 눈이 있는 감자 조각
ⓘ 버드나무 줄기

B. 줄기

(1) 빛이 줄기에 미치는 영향

@ 귀리나 무, 콩, 겨자씨를 두 개의 화분에 심고 키워 보자.
씨앗이 싹터 약 2.5cm 정도 자라면 한쪽의 화분에 두꺼운 마분지로 뚜껑을 만들어 씌우자. 뚜껑의 한쪽에 작은 구멍을 뚫은 후, 가끔씩은 뚜껑을 열어 보면서 어린 식물이 자라는 방향을 관찰해 보자. 그 다음에는 상자의 위치를 바꾸어 빛이 들어가는 방향을 바꾸어 보자. 며칠에 한 번씩 뚜껑을 열어 속의 어린 식물이 어떻게 굽어져 있는지 관찰해 보자.

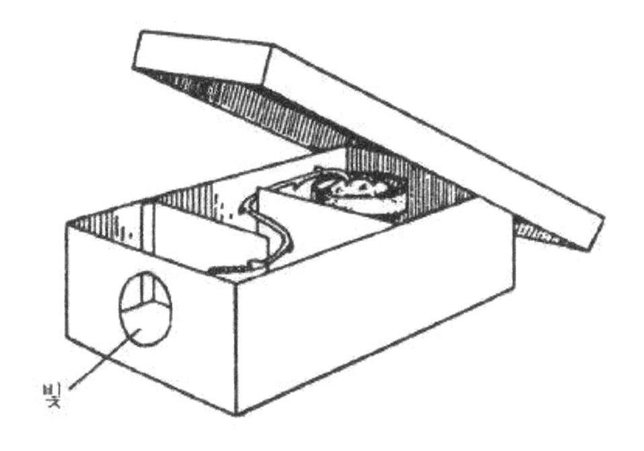

〈그림 220〉

ⓑ 그림과 같이 상자 속에 칸막이를 해서 빛이 직접 들어가지 못하게 한 후, 작은 화분에 감자를 심고 싹을 틔워보자. 이 상자를 창가에 두고 며칠에 한 번씩 뚜껑을 열고 싹튼 어린 식물 줄기의 자란 모습을 관찰해 보자.

ⓒ 귀리나 무, 콩, 겨자씨 등과 같이 싹이 비교적 빨리 트는 씨앗을 심은 네 개의 화분 중에서 가장 많이 자란 식물의 화분을 어두운 곳에 놓아두자. 그 화분을 햇빛이 비치는 창가에 놓아두고 관찰해 보자. 다음에는 그 화분을 빛이 오는 쪽으로부터 반대로 돌려놓아 보자. 어떤 변화가 일어나는지 관찰해 보자.

또, 식물이 있는 화분을 빛이 직접 비치지 않는 곳에 옮겨 놓고 변화되는 모습을 관찰해 보자(그림 220).

ⓓ 나머지 세 개 의 화분을 각각 다른 세 개의 상자 속에 넣고, 상자의 한 쪽에 구멍을 뚫자. 그리고 그 구멍에 각각 붉

은색 셀로판지, 노란색 셀로판지, 푸른색 셀로판지를 붙이고 햇빛이 들어오는 쪽을 향하여 놓은 후 각 색깔을 띤 빛이 식물의 줄기가 자라는데 어떤 영향을 주는지 관찰해 보자.

(2) 물을 운반하는 줄기

ⓐ 봉숭아 줄기를 끝에서 약 2cm 정도 되게 자른 후, 1시간 정도 찬 물에 넣어서 싱싱하게 해 두자.

그 봉숭아 줄기를 붉은 잉크물이 든 그릇에 몇 시간 동안 세워 놓은 후 줄기를 자세히 관찰해 보자.

줄기를 몇 토막으로 잘라서 붉은 잉크물이 스며 올라간 모습을 자세히 살펴보자. 봉숭아 줄기를 가늘게 잘라 가는 관들을 떼어내 보자.

ⓑ 흰 꽃이 달린 카네이션 줄기를 물속에서 면도날로 자른 후, 그 줄기를 식용 색소나 잉크 물에 담가둔 후, 몇 시간이 지난 다음 줄기를 관찰해 보자.

ⓒ 흰 꽃이 달린 카네이션 줄기 끝을 면도날로 세 갈래로 자른 후, 위로 8~10cm 정도 더 벌린다. 이 각각의 세 갈래로 갈라진 줄기 끝을 각각 다른 색깔의 식용 색소나 잉크 물에 담가 보자. 몇 시간 후에 세 갈래로 갈라진 줄기의 색깔을 관찰해 보자.

ⓓ 몇 종류의 가느다란 어린 나뭇가지를 짧게 잘라 색깔이 있는 물에 담가 보자. 몇 시간이 지난 후, 나무줄기를 잘라 색깔이 든 물이 어디로 이동했는지 관찰해 보자.

ⓔ 화단에 심는 보통의 씨앗 몇 개씩을 화분에 심은 후, 싹의 길이가 8~10cm 정도가 되면 어린 줄기의 끝을 면도날로

잘라 보자. 잘라진 면에서 액체가 나오는지 관찰해 보자.

(3) 줄기의 종류

ⓐ 단자엽 식물: 대나무나 사탕수수 혹은 콩과 식물의 줄기를 구해서 그 단면을 잘라 보자. 잘라진 면의 형태를 비교해 보자. 어떤 유사점이 있는가? 특히 줄기 내부에 퍼져 있는 작은 관모양의 통로를 관찰해 보자.

ⓑ 쌍자엽 식물: 버드나무나 제라늄 혹은 토마토의 줄기를 구해서 잘 드는 칼이나 면도날로 줄기를 잘라 보자. 바깥층의 바로 밑 부분이 녹색으로 되어 있는 것을 관찰해 보자. 이것이 형성층이다. 또한 줄기 단면에 둥글게 물관이 분포 되어 있거나 가운데 목질 부분이 있는 경우를 조사해 보자.

C. 잎

(1) 잎의 형태

백합, 대나무, 사탕수수, 콩, 버드나무, 제라늄 등의 잎을 모아보자.

단자엽 식물(백합, 대나무, 옥수수 등)의 잎맥이 나란히 분포되어 있는 모습을 관찰해 보자.

쌍자엽 식물(버드나무, 제라늄 등)의 잎맥이 그물맥으로 분포되어 있는 것을 관찰해 보자.

(2) 잎의 수집

여러 가지 식물의 잎을 수집하여 신문지 사이에 끼워 넣고, 무거운 것으로 눌러 놓자. 이 때 잎이 겹치지 않도록 잘 펴서

〈그림 221〉

누른다. 2~3일에 한 번씩 신문지를 갈아 끼워준다.

식물이 다 마르게 되면 마분지나 두꺼운 종이에 잎을 놓고 스카치테이프로 떨어지지 않도록 붙인다. 이 때 여러 가지 사항을 적어 라벨(이름표)을 붙인다. 그 위를 유산지로 덮어서 잎이 파손되지 않게 한다. 이와 같이 여러 가지 잎을 표본으로 만든 후, 잎의 종류와 형태에 대해서 공부해 보자.

(3) 그을음으로 잎의 형태 찍기

그을음으로 잎의 형태를 찍는 방법은 다음과 같은 네 단계로 쉽게 설명할 수 있다.

둥근 병의 겉에 구리스나 바셀린 칠을 하고 속에 물을 넣고 마개를 막은 후 촛불 위에 대고 그을음을 묻힌다.

신문지에 잎을 놓고, 잎 위에 병에 묻은 그을음을 굴려서 묻힌다.

그을음이 묻은 잎을 새 종이 위에 놓고 깨끗한 종이를 잎 위에 대고 누른다. 그 다음 잎에 댄 종이 위를 깨끗한 병으로 굴려서 누른다. 종이를 들추면 잎의 모양이 찍혀 나올 것이다(그림 221).

(4) 물감을 뿌려서 잎 모양 만들기

흰 종이 위에 잎을 놓고 가는 핀이나 압핀 혹은 작은 조약돌로 잎을 고정시킨다. 그림 A처럼 헌 칫솔에 포스터컬러나 물감을 묻혀서 칼 등으로 튀겨서 잎과 흰 종이에 뿌린다.

이 때 너무 많이 물감을 묻혀서는 안 된다. 종이의 물감이 말랐을 때 잎을 들어내면 잎의 모양이 종이 위에 나타난다.

또 다른 방법으로 그림 B와 같이 잎의 모양을 만들어낼 수 있다.

흰 종이 위에 잎을 놓고 그 위에 구멍이 가는 망을 씌워 놓은 후, 물감을 묻힌 칫솔로 망을 비비면 물감이 튀어서 종이와 잎에 묻게 된다. 마찬가지로 물감이 마르면 잎을 들어낸다(그림 222).

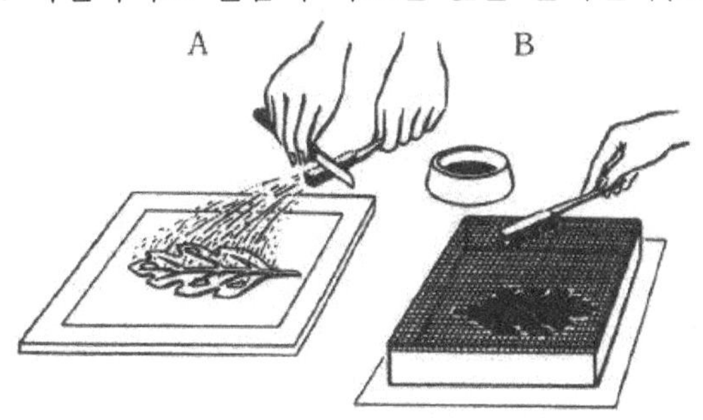

〈그림 222〉

(5) 잉크로 잎 모양 만들기

유리판이나 타일에 인쇄 잉크를 조금 떨어트리고 고무 롤러로 굴려서 얇게 묻힌다. 그 위에 잎을 놓고, 신문지를 덮은 후, 롤러로 가만히 문지른다.

잎을 들어서 흰 종이에 대고, 다시 잎 위에 신문지를 댄 후, 롤러나 빈병을 이용해서 굴린다. 잎을 들어내면 잎과 잎맥의 모양이 선명히 찍혀 있을 것이다. 같은 방법으로 잎의 앞뒷면을 모두 찍어 보자.

(6) 잎의 실루엣

흰 종이 위에 잎을 놓고 손가락으로 누른 후, 스펀지에 물감이나 잉크를 묻혀서 잎 주위를 꼭꼭 눌러 준다. 잎을 들어내면 잎 모양이 나타난다(그림 223).

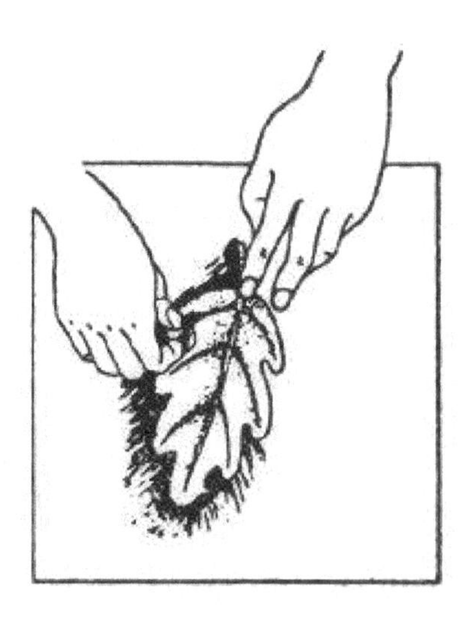

〈그림 223〉

(7) 먹지로 잎 모양 만들기

잎맥이 있는 쪽에다 아주 얇게 바셀린 칠을 한다. 여러 겹의 신문지 위에 바셀린 칠을 한 잎을 놓고 그 위에 먹지를 가만히 올려놓는다. 그 위에 또 다른 종이를 대고, 연필로 조심해서 문지른다.

잎에 검은 탄소 가루가 묻게 될 것이다. 이 잎을 흰 종이에 놓고, 그 위에 종이를 대고 다시 연필로 문지르면 잎맥의 모양이 찍혀질 것이다.

(8) 잎이 달린 순서 조사

몇 종류의 잎을 따서 잎의 윗부분에서부터 아래로 내려오면서 잎이 달려 있는 위치를 조사해 보자. 몇 개의 잎은 직접 그려서 잎이 달려 있는 위치와 배열 순서를 비교해 보자.

(9) 교실 내에서 식물 기르기

교실 내에서도 물만 있으면 고구마를 기를 수 있다. 병에 다 물을 2/3 정도 넣은 후 고구마의 밑에서 1/3 정도 되는 부분에 성냥개비나 이쑤시개를 사방에다 꽂아 병위에 올려놓는다. 고구마의 1/3 정도가 물속에 잠기게 한다. 며칠이 지나면 싹이 트고 잎이 생기게 된다.

당근이나 사탕무, 무 등도 뿌리 속에 많은 양분을 포함하고 있다. 이 뿌리들도 물에 담가 놓으면 잎이 생긴다. 이 뿌리들을 위에서 5~8cm 정도의 크기로 잘라 약간 움푹 한 그릇에 물을 붓고 세워 놓으면 잎이 생기게 된다. 이 때 작은 조약돌을 넣어 두면 뿌리가 똑바로 위치를 잡을 수 있다.

파인애플도 마찬가지로 잎이 달린 부분에서 3~5cm 정도로 잘라 물이 있는 그릇에 놓아두면 새로운 잎이 생기게 된다(그림 224).

〈그림 224〉

(10) 잎은 수증기를 낸다

두 개의 화분에 흙을 넣은 후, 한 화분에는 식물을 심고 또 다른 화분에는 식물을 심지 않고 그대로 둔다. 각각의 화분에 그림과 같은 마분지 모양을 만들어 물에 적신 후 덮는다.

그 위에 두 개의 병을 거꾸로 세워 놓고 햇빛이 잘 비치는 곳에 두고 하루에 몇 번씩 관찰해 보자(그림 225).

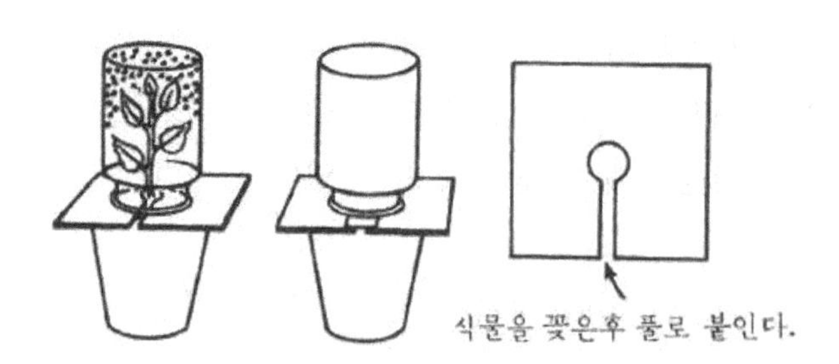

〈그림 225〉

(11) 잎의 구조

현미경을 사용하여 잎의 구조를 살펴보자. 질경이나 망초의 잎을 따서 잎의 뒷면을 얇게 벗겨 잎의 숨구멍을 찾아보자. 잎의 숨구멍은 두 개의 공변세포로 둘러싸여 있다. 동백나무나 사철나무 혹은 고무나무 잎의 종단면을 얇게 만들어 현미경으로 관찰해 보자. 이 때 수수깡 사이에다 잎을 꽂고 면도날로 얇게 자르면 쉽게 재료를 만들 수 있다. 엽록체와 숨구멍 등을 볼 수 있을 것이다(그림 226).

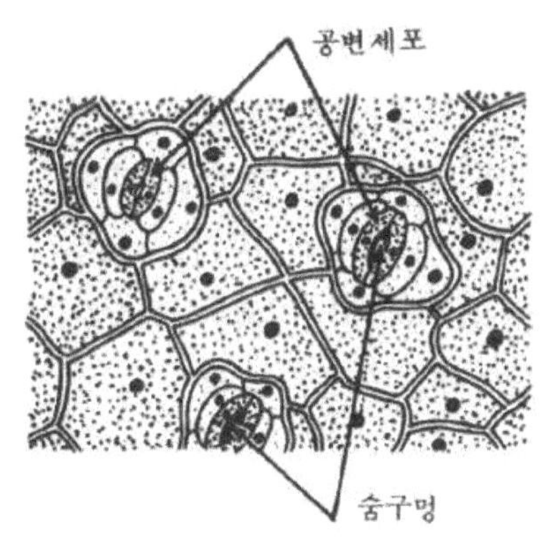

〈그림 226〉

(12) 녹색 잎은 양분을 만든다

비커에 물을 끓이고, 그 속에 알코올이 든 작은 비커를 넣어 알코올을 끓인다. 이 알코올에 제라늄이나 혹은 그 밖의 녹색 잎을 따서 넣어 엽록소를 제거한다.

엽록소가 빠져 흰색이 된 잎을 꺼내어 뜨거운 물로 씻는다. 이 잎을 유리판이나 타일 위에 올려놓고 붉은 아이오딘 용액을 한 두 방울 떨군다.

잎의 색깔이 진한 보라색으로 변할 것이다. 그 이유는 무엇일까?

(13) 녹색 잎은 햇빛이 있으면 산소를 만든다

큰 수조에 물을 넣고 깔때기 속에 물풀을 덮어씌운 후, 깔때기 위를 시험관으로 막는다. 이 장치를 햇빛이 비치는 곳에 놓아두면 시험관 속으로 기체가 올라가게 된다. 시험관에 모여진 기체에 성냥불똥을 대어 보자. 이 기체는 무엇일까?

(14) 공기는 잎을 통해 들어간다

그림과 같이 둥근 플라스크에 코르크 마개를 한 후, 한쪽에는 잎자루가 긴 잎을 꽂고, 그 옆에는 ㄱ자 유리관을 꽂는다. 코르크 마개 주위를 파라핀이나 왁스로 봉한다. 한쪽 유리관을 빨아서 플라스크 속의 공기를 모두 뽑아내 보자. 잎자루 끝에서 기체가 나오는 현상을 볼 수 있을 것이다(그림 227).

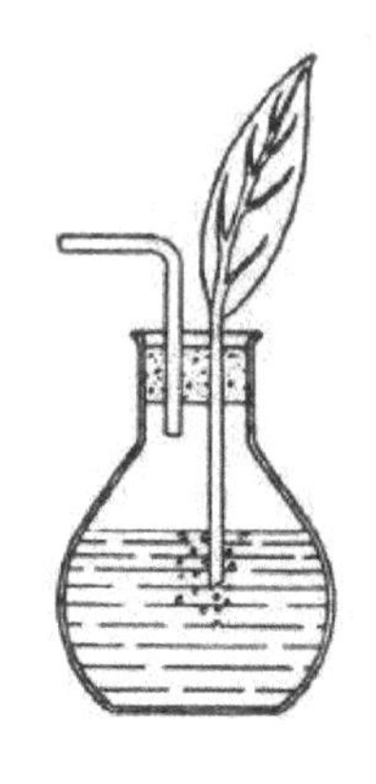

〈그림 227〉

(15) 식물도 호흡한다

넓은 유리그릇에 석회수를 넣은 후, 나무토막에 시험관을 꽂는다.

시험관에는 물을 넣고 식물을 꽂아 둔다. 이 장치를 어두운 곳에 다 둔 후, 24시간 후에 석회수의 물빛을 관찰해 보자. 또한 식물을 덮고 있는 유리병 속의 물높이가 처음보다 약간 위로 올라가 있을 것이다.

그 이유는 무엇일까?(그림 228)

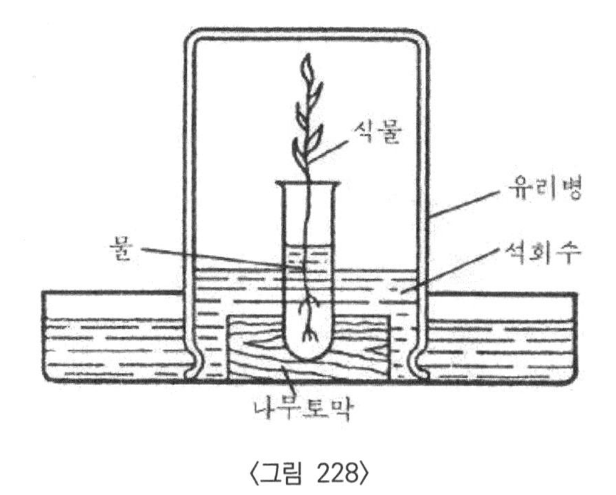

〈그림 228〉

D. 꽃

(1) 꽃의 주요 구조

튤립이나 백합과 같은 간단한 꽃을 재료로 하여 꽃의 외부 구조를 관찰해 보자. 수술의 수를 세어보고 암술을 중심으로 어떻게 배열되어 있는지 조사해 보자. 꽃의 중요한 기관을 그림으로 그려 보자. 각 부분의 명칭을 표시해 보자(수술대, 꽃가루 주머니 등).

꽃이 달린 줄기의 끝 부분을 '꽃턱'이라고 부른다. 꽃턱의 윗부분은 잎처럼 생긴 꽃받침이 있다. 꽃받침 위에는 여러 가지 색깔의 꽃잎이 달려 있다(그림 229).

(2) 간단한 꽃의 해부

5장의 종이 카드에 각각 다음과 같은 이름을 적어 놓는다.

"수술, 암술, 꽃잎, 꽃받침, 꽃턱"

그 다음 꽃의 각 부분을 조심해서 떼어 해당되는 카드 위에

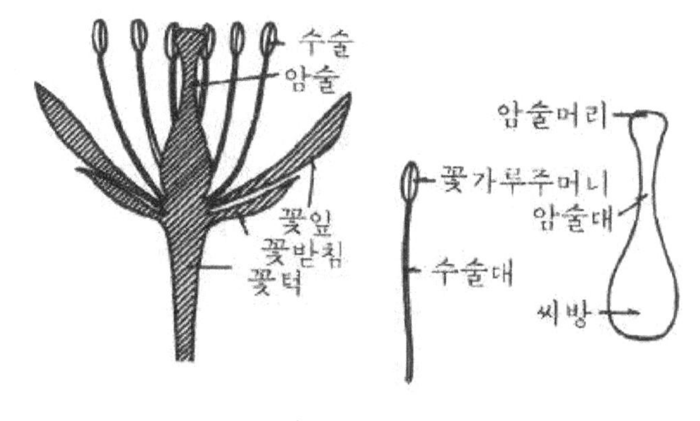

〈그림 229〉

올려놓는다. 꽃의 종류에 따라서는 손으로 떼는 것보다 잘 드는 면도칼이나 가위를 사용하는 것이 좋다.

여러 종류의 꽃을 가지고 이와 같은 활동을 하게 되면 학생들의 관찰 능력에 많은 도움을 줄 수 있다. 간단한 꽃을 한 가지 선택해서 수술을 떼어낸 후, 꽃가루주머니를 검은 종이에 문지른다. 노란 꽃가루를 쉽게 관찰할 수 있는 것이다. 씨방을 가로로 잘라 속에 들어 있는 씨의 모양과 배열 상태를 관찰해 보자.

(3) 여러 종류의 꽃가루 관찰

수술 끝에 꽃가루가 달린 몇 종류의 꽃을 준비하자. 각 꽃의 꽃가루를 검은 종이에 떨어뜨린 후 여러 형태의 꽃가루를 돋보기로 비교해 가며 관찰해 보자.

꽃가루의 모습을 그려 보자.

(4) 꽃가루의 발아

진한 설탕물을 받침 유리에 한 방울 떨구고 그 설탕물에 꽃가루를 넣자.

덮개 유리를 덮은 후, 따뜻한 곳에 몇 시간 놓아두자. 실험이 잘 이루어진다면 꽃가루에서 가느다란 관모양이 뻗어 나온 것을 볼 수 있을 것이다. 이 때 돋보기를 사용해서 보면 더욱 명확하게 관찰할 수 있다.

(5) 꽃의 구조 모형 만들기

고무 찰흙과 색종이, 이쑤시개 등을 이용해서 기본적인 꽃의 모양을 만들 수 있다. 이와 같은 모형 만들기 활동은 학생들이 직접 활동을 할 수 있기 때문에 매우 흥미로워 할 것이다.

또한 꽃의 각 부분을 확실하게 기억할 수 있게 될 것이다.

고무 찰흙으로 꽃대를 먼저 만들자. 길이 약 5cm, 지름이 2cm 정도 되게 기둥 모양을 만든 후, 한쪽 끝을 뭉뚝하게 하여 책상에 세우자. 그리고 윗부분에는 이쑤시개를 꽂아두자(그림 230-a).

꽃받침을 만들기 위해서 초록색 종이에 별모양을 그려서 가위로 오리자.

가운데 부분에 지름이 1cm 정도 되는 구멍을 뚫자. 먼저 만들어둔 꽃대에 꽃받침을 올려놓자(그림 230-b).

꽃잎을 만들기 위해서 노랑, 빨강, 색종이를 그림처럼 오려서 꽃받침 위에 포개 놓자(그림 230-c).

고무 찰흙으로 항아리처럼 가늘게 만들어 암술을 만들자. 고무 찰흙으로 만든 암술을 이쑤시개에 꽂자(그림 230-d).

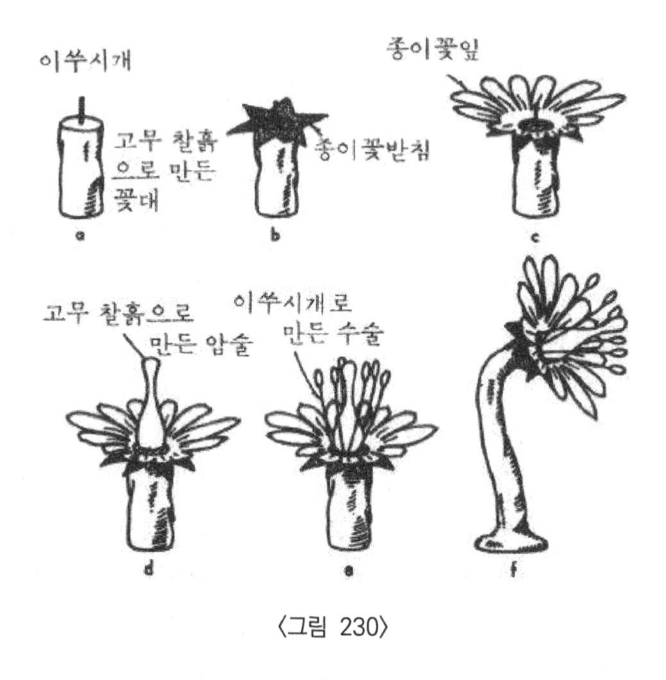

〈그림 230〉

이쑤시개를 암술 주위에 꽂아 수술을 만들자. 이쑤시개 위에 고무찰흙을 조금씩 떼어 붙이자(그림 230-e).

꽃의 모양이 다 되었으면 실감이 날 수 있게끔 고무 찰흙으로 만든 꽃대를 가늘게 늘인 후, 약간 구부린다(그림 230-f).

(6) 야외에서의 꽃의 관찰

야외에 나가서 꽃의 실제 모습을 관찰할 계획을 세우자. 학교 안에서 볼 수 없는 꽃을 보려면 근처의 야산이나 공원 등으로 나가 보아야 된다. 꽃의 생김새와 특징을 기록해 가면서 관찰하도록 한다. 필요하다면 식물 채집을 해도 효과적이다.

(7) 꽃이 열매로 되는 과정

꽃봉오리 시기인 것에서부터 꽃이 성숙되는 단계별로 재료를 모으자. 꽃잎이 모두 떨어지고 꽃받침만 남아 있는 단계까지 준비해야 한다.

각 단계별 씨방을 칼로 잘라 씨앗이 자라는 모습을 비교 관찰해 보자.

완두나 강낭콩을 준비해서 겉모습과 속 구조를 살펴보자. 콩 꼬투리를 준비해서 꼬투리 속에 들어 있는 어린 콩을 관찰해 보자. 성숙되지 않은 콩들은 꽃가루에 의해서 수정이 되지 못한 것들이다.

E. 씨앗

(1) 효과적인 씨앗 발아법

그림과 같이 큰 병 속에 물을 넣고 속에 작은 병을 넣는다. 작은 병의 위를 헝겊으로 싼 후, 헝겊 위에다 씨앗을 올려놓는다. 씨앗이 놓인 헝겊의 양쪽 끝은 물속에 2cm 정도 잠기게 해 둔다. 큰 병의 입구는 유리판으로 막아 습기가 병 밖으로 빠져 나가지 못하게 한다. 이와 같은 장치는 씨앗이 발아하는 모습을 관찰하기에 효과적인 것이다(그림 231).

(2) 씨앗 표본

무명 헝겊을 같은 방향으로 두 번씩 접은 후, 한쪽에는 〈그림 232〉와 같이 연필로 5cm×5cm 되는 칸을 8개씩 그린다.

각 칸에 번호를 기록하고 여러 종류의 씨앗들을 올려놓는다.

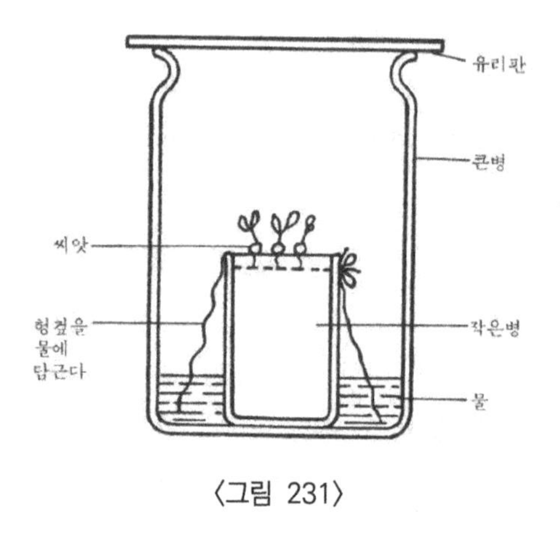

〈그림 231〉

다른 한 쪽 헝겊을 덮은 후 끈으로 약간 묶어 준다. 습기가 있는 따뜻한 장소에 며칠간 보관해 둔다. 그 다음 헝겊을 다시 풀면 씨앗들이 발아하여 있을 것이다.

〈그림 232〉

(3) 컵 속의 발아

유리컵 속에 흡수지를 두르고, 컵의 가운데에 탈지면이나 솜, 혹은 톱밥을 채운다. 그리고 유리컵과 흡수지 사이에 발아시킬 씨앗을 끼워 넣는다.

매일 물을 컵 속에 부으면서 씨앗이 발아되는 과정을 살펴보자. 아이들은 각자가 이와 같은 장치를 만들어 갖고 다니면서, 매일의 과정을 관찰할 수 있어 매우 흥미로워 할 것이다(그림 233).

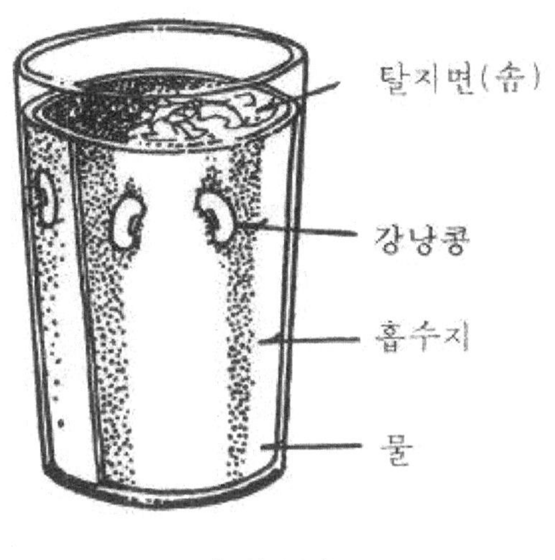

〈그림 233〉

(4) 발아에 필요한 조건

〈그림 234〉는 씨앗이 발아하는데 필요한 조건이 무엇인지 알아보기 위하여 장치한 것이다.

(a)에는 탈지면을 넣고 공기가 통하게 한 후, 따뜻한 조건을 유지시켰다. 그러나 물은 넣지 않았다.

(b)에는 탈지면과 물은 넣었으나 공기가 통하지 못하게 하였다. 시험관 속의 물에다 기름을 넣어 공기와 물이 접촉되는 것을 막게 하였다. 따뜻한 조건은 (a)와 마찬가지이다. (c)에는 물과 탈지면을 넣어 주고 공기도 통하게 하였다.

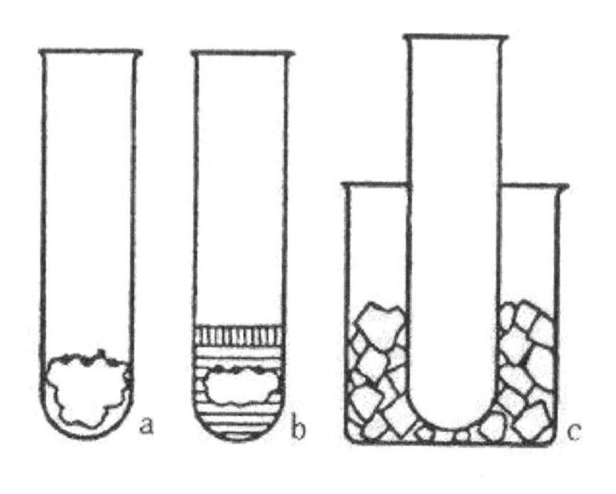

〈그림 234〉

그러나 시험관 주변에 얼음을 넣어 온도를 매우 낮게 해 주었다.

각각의 시험관 속에 든 씨앗들이 어떻게 되는지 관찰해 보고, 그 이유를 생각해 보자.

(5) 씨앗의 산소 소비

유리관 속에 탈지면과 솜을 넣은 후 고무마개로 막자. 그리고 〈그림 235〉와 같이 그 유리관을 둥근 플라스크 속에 들어 있는 소다 용액에 담그자. 며칠이 지난 후, 유리관 속으로 소다 용액이 올라갈 것이다.

고무마개와 솜과 씨앗을 빼내고 재빨리 타고 있는 성냥불을 갖다 대어보자. 유리관 속에 산소가 있는지 없는지 생각해 보자.

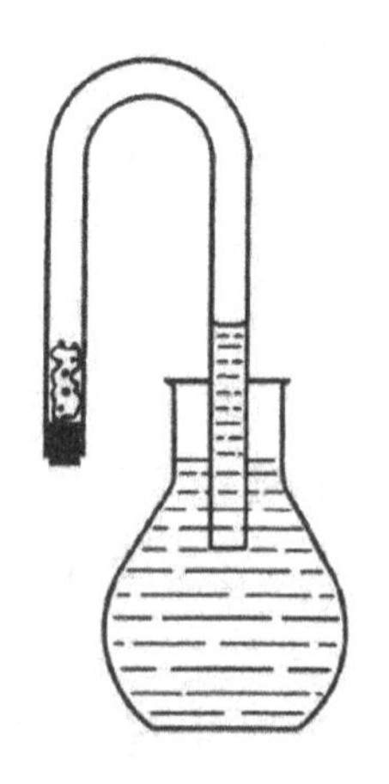

〈그림 235〉

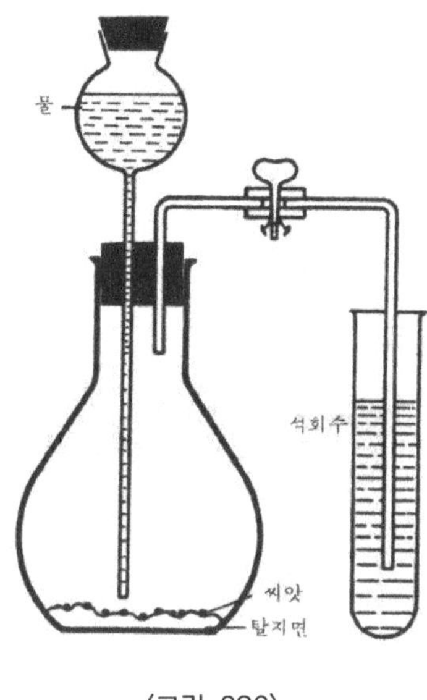

〈그림 236〉

(6) 씨앗의 내부 생김새

강낭콩, 완두, 호박, 해바라기씨 등 비교적 큰 씨앗을 모아 물에 불린 후 껍질을 벗겨 보자.

면도날로 각각의 씨앗을 잘라 속의 생김새를 비교해 보자. 씨앗 내부의 구조를 살펴보고, 씨앗이 양분을 저장하고 있는 이유를 생각해 보도록 하자.

(7) 씨앗이 발아할 때 나오는 가스

〈그림 236〉과 같이 둥근 플라스크 속에 물에 적신 탈지면과 씨앗을 넣은 후, 씨앗을 발아시켜 보자. 이 때 플라스크는 막고 그림과 같이 장치해 둔다.

며칠이 지난 후 코르크를 열어 플라스크 속의 가스가 시험

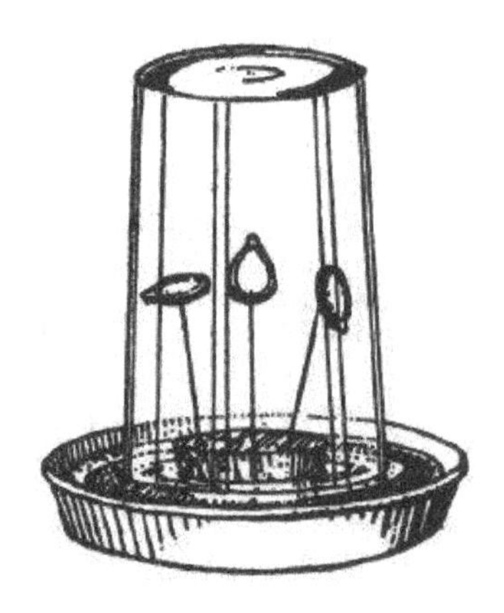

〈그림 237〉

관 속의 석회수 속으로 들어가게 하자.

석회수의 물빛이 부옇게 흐려지게 된다. 씨앗이 발아할 때 나오는 가스는 무엇일까?

(8) 씨앗이 싹트는 방향

〈그림 237〉과 같이 은박 접시에 탈지면을 깔고 물을 충분히 넣어 준다.

탈지면 가운데 코르크 마개를 놓고 바늘을 3개 세운다.

한 바늘에는 씨앗이 옆으로 되게 꽂고 나머지 한 바늘에는 아래를 향하게 꽂은 후, 유리컵을 덮어 두자.

며칠 지난 후, 씨앗이 자라는 방향을 관찰해 보자.

제15장
인체 실험에 필요한 기본 재료 및 기구

A. 뼈와 근육

(1) 팔 모형

두께가 5~8 mm, 폭 5cm, 길이 50cm 되는 2개의 나무 판을 준비한다. 한쪽 나무판의 위쪽 가장자리에 구멍을 뚫는다. 다른 나무판은 모서리를 둥글게 잘라내고 양쪽 끝에 〈그림 238〉과 같이 구멍을 뚫는다.

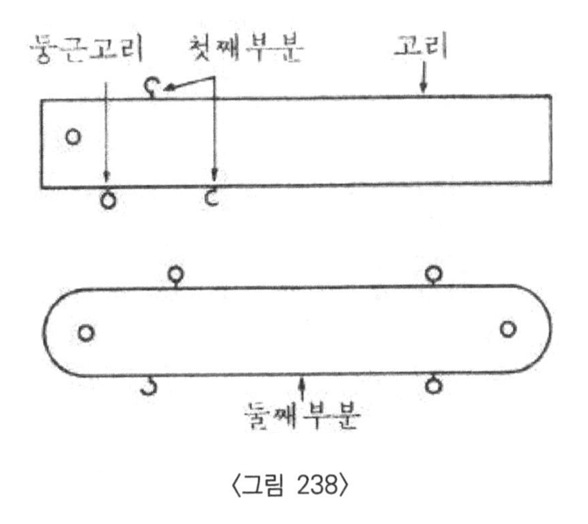

〈그림 238〉

〈그림 239〉과 같이 나사못과 고리달린 못을 박고 아래쪽에는 고무 밴드를 장치하며 위쪽에는 튼튼한 끈을 연결한다. 끈을 당겼다 놓았다 해 보자. 이러한 모형이 사람의 팔의 운동을 잘 설명해 준다.

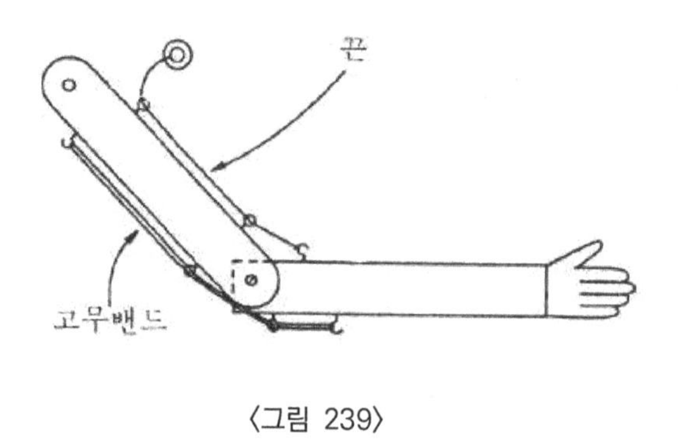

〈그림 239〉

(2) 발과 머리 모형

얇은 나무판이나 두꺼운 종이를 오려서 여러 가지 방법으로 팔과 머리의 모형을 만들어 보자(그림 240).

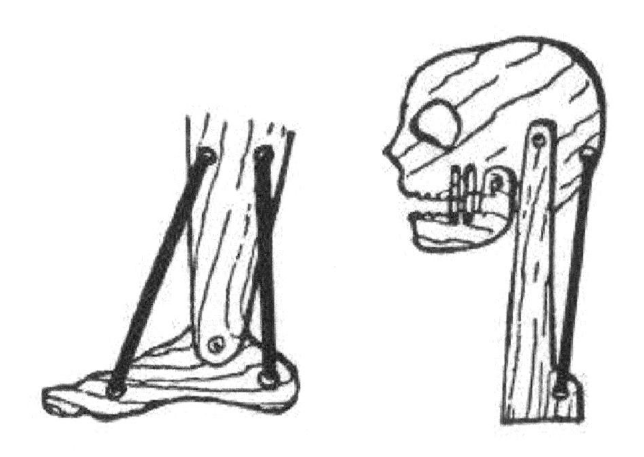

〈그림 240〉

B. 감각 기관

(1) 냄새

실험실에서 3m 간격으로 학생을 서 있게 하고 보이지 않는 곳에서 암모니아수가 들어 있는 병의 뚜껑을 열어 놓자. 냄새가 느껴지는 대로 손을 들어서 어떻게 확산되어 가는지 알아보자.

(2) 적당한 독서 거리

학생들에게 책을 읽게 하고 책과 눈까지의 거리를 재어보자. 가장 알맞은 거리인 35~40cm와 비교해 보자.

(3) 알맞은 밝기

커튼을 치거나 해서 외부의 빛이 없도록 한 후 40W의 전구를 책에서 60cm 위에 켰을 때가 독서에 알맞은 밝기이다. 100W 의 전구를 1m 높이로 했을 때도 같은 조건이 된다.

(4) 착시

우리 눈은 경우에 따라 잘못 보는 수가 있다. 지평선 가까이에 있는 해나 달은 하늘 높이 떠 있을 때보다 훨씬 커 보인다. 산이나 언덕 뒤에서 떠오르는 모습을 보면 하늘 높이 있을 때보다 빠르게 뜨는 것 같다. 그러나 실제로 실험 장치로 측정해 보면 그렇지가 않다.

우리는 빛이 직진하는 것을 잘 알고 있다. 또한 우리가 물체의 위치나 크기를 느끼는 것은 두 눈에서 보이는 현상이 복합되는 것이다.

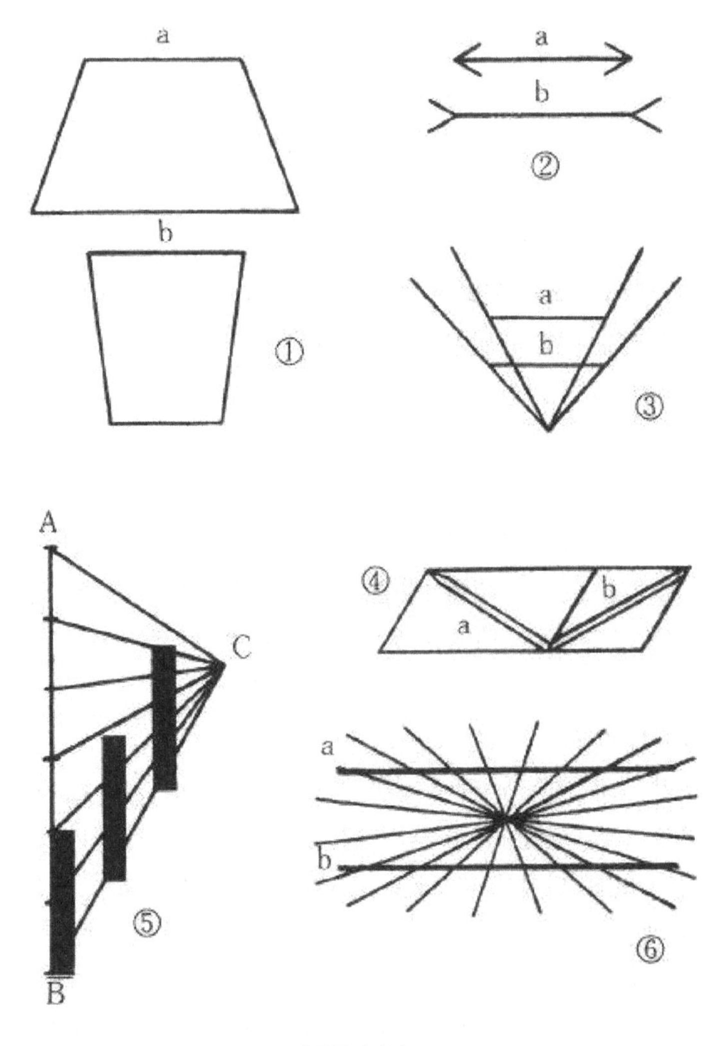

〈그림 241〉

〈그림 241, 242, 243〉은 여러 가지 착시 현상을 나타내는 것들이다. 간단한 실험으로 확인해 보자.

○ 그림①, ②, ③, ④ ; 선분 a와 b의 길이를 눈으로 보고 실제 측정도 해 보자.

○ 그림⑤; 검은 표시가 크기가 달라 보인다.

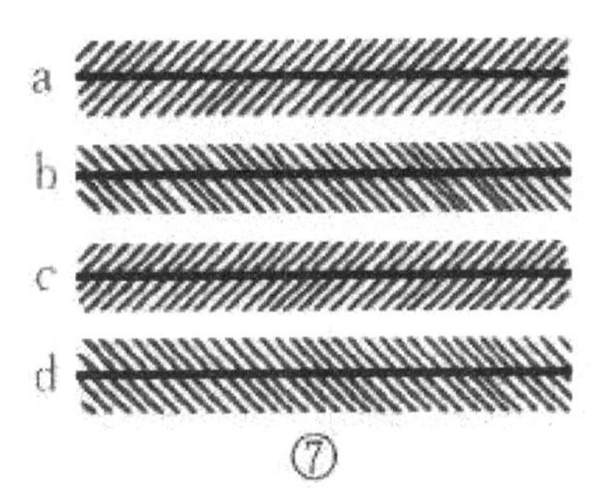

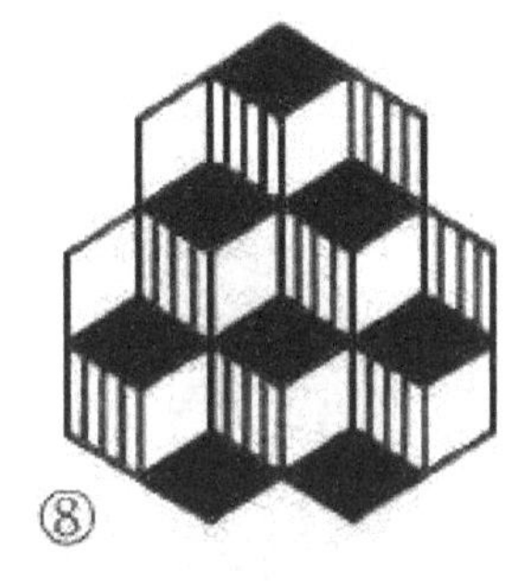

〈그림 242〉

○ 그림⑥, ⑦; 두 선이 굽어보인다.

○ 그림⑧; 육면체의 수를 세어 보자.

○ 그림⑨; 검은 부분에서 보고 다음에는 흰 부분에서 보자.

○ 그림⑩; 안쪽 사각형이 앞으로 나온 것처럼 보이기도 하고 또 들어간 것처럼 보인다.

○ 그림⑪; 육면체를 위에서 본 모양으로 보이기도 하고 밑에서 본 모양으로 보이기도 한다.

○ 그림⑫; 그림을 자세히 바라보고 ab 와 be의 길이를 비교해 보자.

○ 그림 ⑬; 얼핏 보아 완전한 원으로 보이는가?

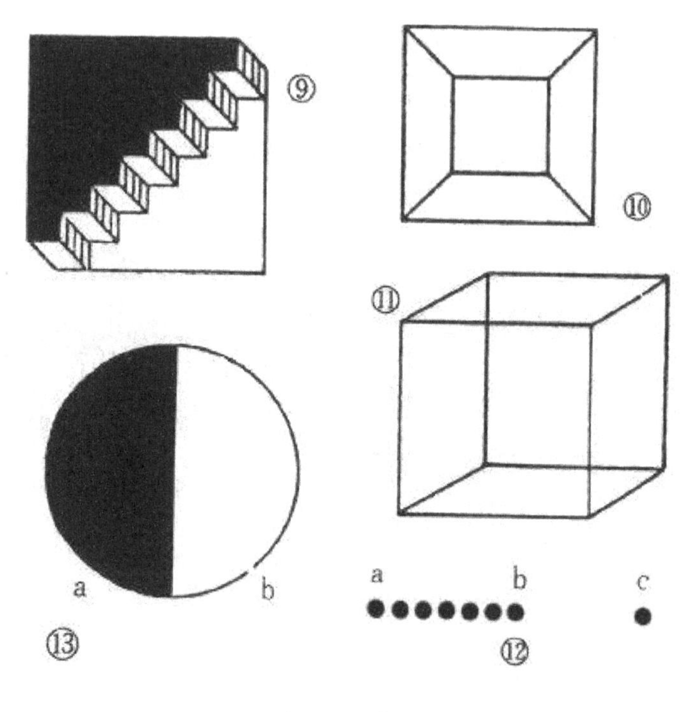

〈그림 243〉

(5) 감각점

연필로 가운데 손가락의 위쪽에 1㎠넓이로 표시하자. 판이나 뾰족한 연필로 4각형 안의 이곳저곳을 눌러 보자.

피부에는 따뜻한 것을 느끼는 온점, 찬 것을 느끼는 냉점, 아픈 것을 느끼는 통점, 누르는 것을 느끼는 압점 등이 분포되어 있다. 우리 몸의 각 부분에 따라 다르게 분포되어 있으나 전체적으로는 통점이 가장 많이 분포되어 있다(그림 244).

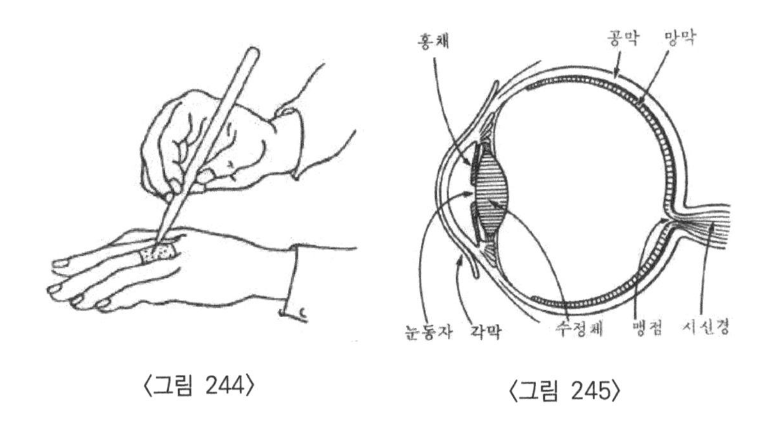

〈그림 244〉 〈그림 245〉

C. 인체의 기관

(1) 눈

눈의 모형이나 구조 사진을 보고 각 부분의 명칭과 작용을 알아보자. 어떻게 망막에 상이 맺히는 것일까?

사람의 눈에는 사진기의 렌즈에 해당하는 수정체와 필름에 해당하는 망막이 있다. 빛은 수정체를 통하여 들어와서 망막 위에 상을 맺고, 이 자극을 시세포가 받아 들여 흥분하면 시신경에 의해 뇌에 전달되어 비로소 감각하게 된다. 홍채는 빛의 양을 조절하고 수정체의 두께를 조절하여 망막에 상을 맺게 한다(그림 245).

(2) 심장

간단한 방법으로 심장의 박동을 들을 수 있는 청진기를 만들어 보자. 〈그림 246〉과 같이 깔때기와 유리관 고무관을 이용하여 만들 수 있다.

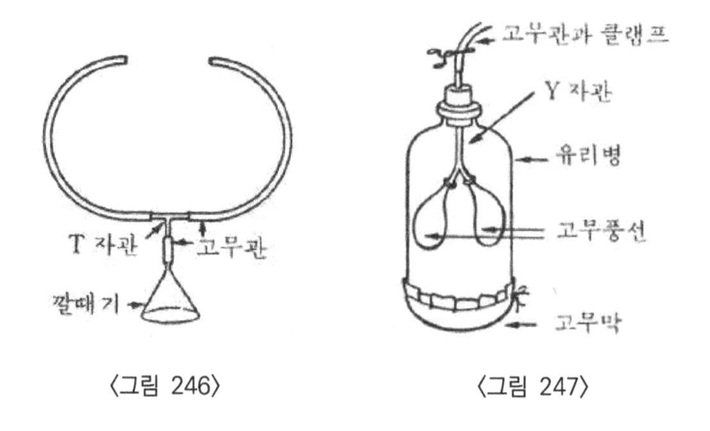

〈그림 246〉 〈그림 247〉

(3) 허파

〈그림 247〉과 같은 허파의 기능 모형을 만들자. 고무풍선이 허파를 나타내며 고무관은 숨관을, 바닥이 뚫린 유리병 바닥의 고무막은 가로막을 뜻한다. 바닥의 고무막을 당겼다 놓았다 하면서 병 속의 고무풍선이 어떻게 되는지 관찰해 보자.

사람의 허파는 갈비뼈와 가로막으로 둘러싸여 있다. 가로막이 밑으로 내려가고 갈비뼈가 올라가면 허파로 공기가 들어오고, 가로막이 위로 올라가고 갈비뼈가 내려가면 허파의 공기는 몸 밖으로 나간다. 이와 같이 가로막과 갈비뼈의 상하 운동으로 허파가 줄었다 부풀었다 하여 호흡 운동을 계속 하게 된다.

제16장
동물 실험에 필요한 기본 재료 및 기구

(1) 포충망

둥근 막대기와 약간의 굵은 철사, 그리고 모기장 또는 무명으로 포충망을 만들어 보자.

철사로 지름 30~40cm의 원형을 만들고 끝을 최소한 15cm 되게 그림과 같이 끈다.

이것을 둥근 막대기 끝에 철사로 묶는다. 모기장이나 무명으로 된 망은 깊이가 70cm 정도 되게 하고 둥근 철사에 잘 묶는다(그림 248).

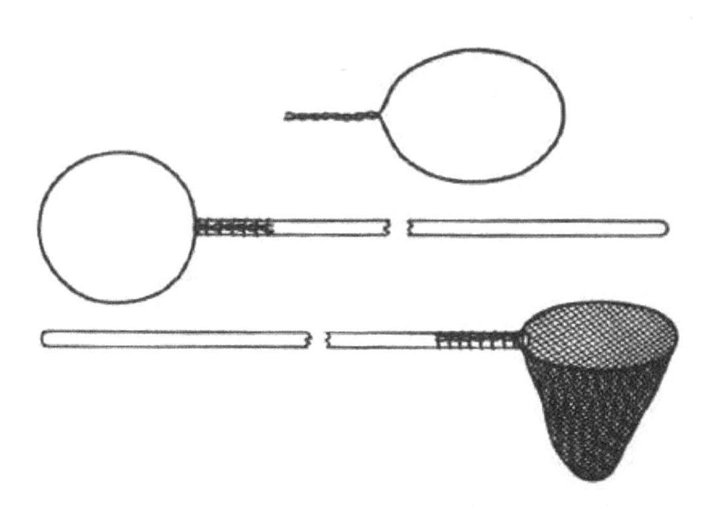

〈그림 248〉

(2) 독병

주둥이가 크고 뚜껑이 있는 유리로 만든 병을 준비한다. 바닥에는 DDT를 섞은 살충제나 사염화탄소를 묻힌 솜을 깔고 그 위에는 여과지를 덮는다. 여과지에는 여러 개의 구멍을 뚫어 놓는다. 곤충을 잡아 독병에 넣고 곤충이 죽을 때까지 그냥 놔둔다. 만일 나방이나 나비와 같은 곤충을 넣을 때에 날개가 상하지 않도록 독병의 주둥이가 큰 것을 미리 준비한다.

(3) 표본 상자

나무나 종이 상자를 이용해서 곤충 표본 상자를 만들어 보자. 종이 상자 바닥에 솜을 깔고 곤충 표본을 올려놓는다.

표본은 가장 자연스러운 모양으로 보존하고 더듬이나 다리, 날개 등은 잘 펴서 정돈시킨다. 유리나 셀로판지로 위를 덮는다. 종이 상자는 특히 나비나 나방을 표본하기에 알맞다.

라벨을 붙일 때에는 5×3cm가 적당하며 채집 장소, 채집 날짜, 채집자 이름 등을 써 넣는다(그림 249).

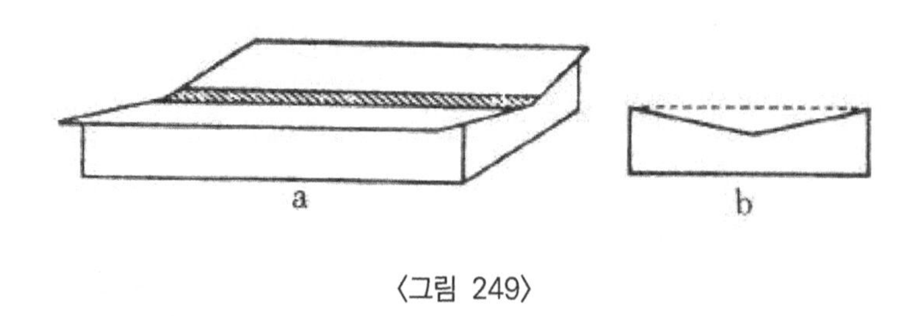

〈그림 249〉

(4) 사육장

단기간 동안에 작은 동물을 관찰하기 좋은 사육장을 만들어

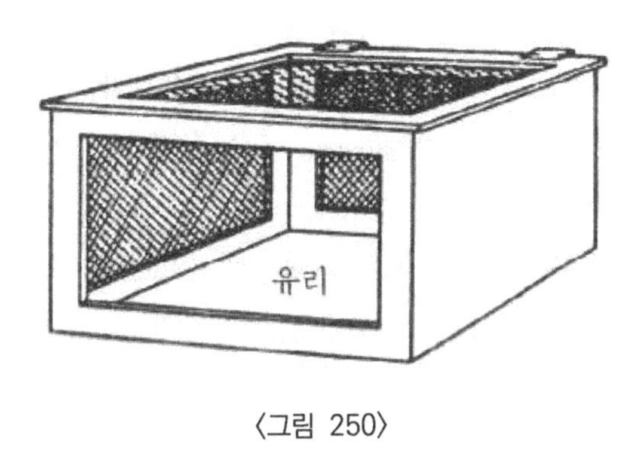

〈그림 250〉

보자.

우선 뚜껑이 달린 나무 상자를 준비한다. 나무 상자는 뚜껑과 뒷면, 그리고 한쪽 옆면을 철망으로 하고 정면은 유리로 하여 〈그림 250〉과 같이 제작한다.

이것보다 조금 개량하여 만든다면 〈그림 251〉과 같이 정면 유리창 밑에 그림과 같이 서랍을 추가할 수 있다.

개량한 상자는 동물의 배설물 및 먹이 찌꺼기를 청소하는 데 매우 편리하다.

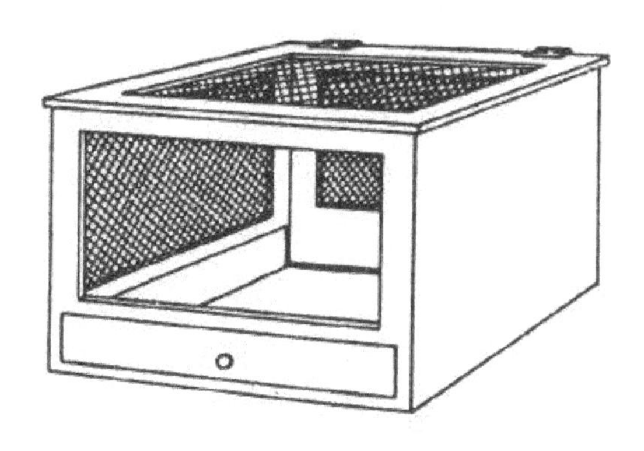

〈그림 251〉

동물을 사육할 때에는 먹이와 물을 정기적으로 주며 사육 장내의 청소도 정기적으로 하는 것이 매우 중요하다.

물과 먹이는 알맞게 주는 것이 좋으며 청소는 1주일에 한번 정도가 적당하다.

이것은 동물의 건강을 유지시키는 데 좋을 뿐 아니라 그들의 습성을 이해하는 데 도움이 된다(그림 252).

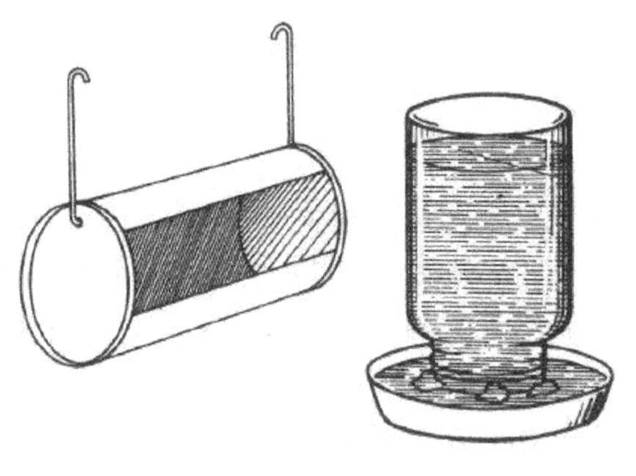

〈그림 252〉

(5) 지렁이 사육 상자

지렁이를 관찰하기 위한 사육 상자를 만들어 보자.

30×30×15cm인 나무 상자를 준비하고 앞면에 유리를 끼운다. 나무 상자 안에는 A층에는 모래를, B층에는 점토를, C층에는 유기물이 풍부한 부엽토를 순서대로 넣는다.

각각의 층에 흙을 넣은 다음, 꼭꼭 눌러준 후에 다음 층의 흙을 넣는 것이 좋다. 그 위에 상치나, 나뭇잎, 당근 등과 함께 여러 마리의 지렁이를 넣는다. 주의할 점은 사육 상자 안을 언제나 축축하게 유지해 주어야 한다(그림 253).

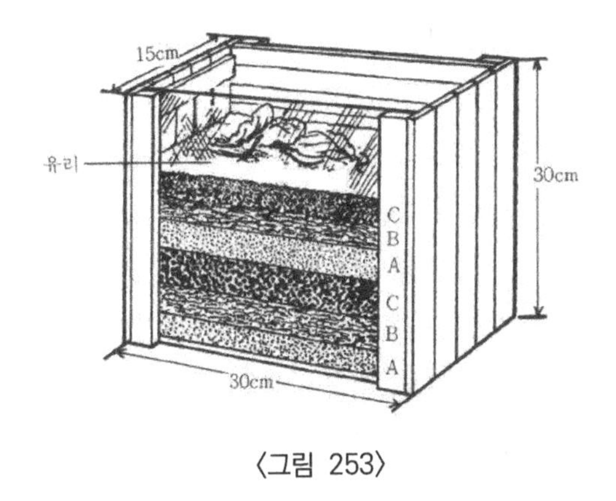

〈그림 253〉

(6) 개미의 사육 상자

개미를 관찰하기 위해서는 개미가 살고 있는 지역의 흙을 그림과 같이 만든 사육 상자에 넣고 기르면 효과적이다. 양쪽에 나무 기둥을 세우고 양면에 유리를 끼운다. 뚜껑을 닫을 수 있도록 별도로 만든다. 이 때 공기가 드나들 수 있도록 공기구멍을 뚫는 것을 잊으면 안 된다(그림 254).

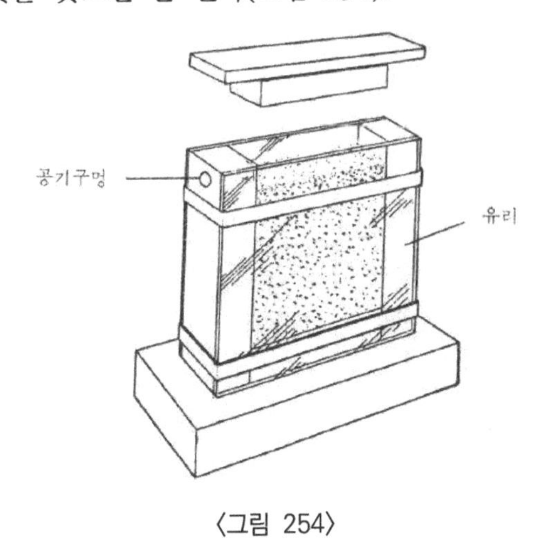

〈그림 254〉

(7) 부화 상자 만들기

큰 종이 상자와 작은 종이 상자를 준비한다. 작은 상자는 그림과 같이 앞면을 자르고 큰 상자는 가로, 세로 15cm 되게 창을 낸다. 작은 상자의 위쪽은 전등을 달 수 있도록 한다.

작은 상자의 앞이 큰 상자의 창이 있는 곳이 되게 안쪽으로 넣고 공간은 신문지로 채운다. 작은 상자 안에는 온도계를 넣고 큰 상자의 창은 유리로 막는다. 21일 동안 온도를 40°C가 되도록 유지하는 것이 필요하며 온도는 전등을 바꾸거나 신문지의 양으로 조절하면 된다. 부화 상자 안에 물그릇을 놓는다. 수정된 알을 상자 안에 넣고 약 21일이 지나면 부화될 것이다 (그림 255).

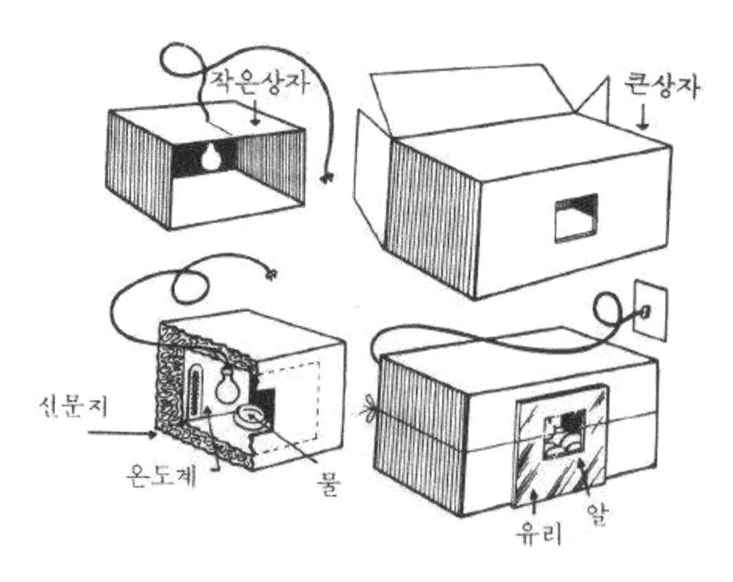

〈그림 255〉

(8) 수조

교실이나 과학실에서 사용할 수조의 크기는 50×25×25cm가 적당하다. 고운 모래를 흐르는 물에 조심스럽게 씻은 후 약 2cm 정도의 두께로 깐다. 그 위에 굵은 자갈과 약간 큰 돌을 넣은 다음, 모래가 흩어지지 않도록 주의하면서 천천히 물을 붓는다. 물 층이 깨끗해질 때까지 하루나 이틀 동안 놓아둔다.

수초는 뿌리를 잘 펴서 모래에 심는다. 수조의 유리벽을 깨끗이 하기 위해서 달팽이를 넣는다. 달팽이의 알은 물고기의 좋은 먹이가 된다. 물고기를 수조에 넣을 때에는 용기를 이용하여 비늘이 상하지 않게 헤엄쳐 들어가게 하는 것이 좋다. 수조에 먼지가 들어가지 않도록 유리판을 덮어준다. 수조 내의 온도는 금붕어의 경우 15~20°C정도, 열대어는 20~28°C 정도가 적당하다.

수조는 햇빛이 하루에 1~2시간 정도 직사광선이 들어오는 곳에 놓거나 그렇지 못할 경우에는 형광등을 켜 놓는다. 먹이를 줄 때에는 15분 이내에 먹을 수 있는 양을 주는 것이 적당하다(그림 256).

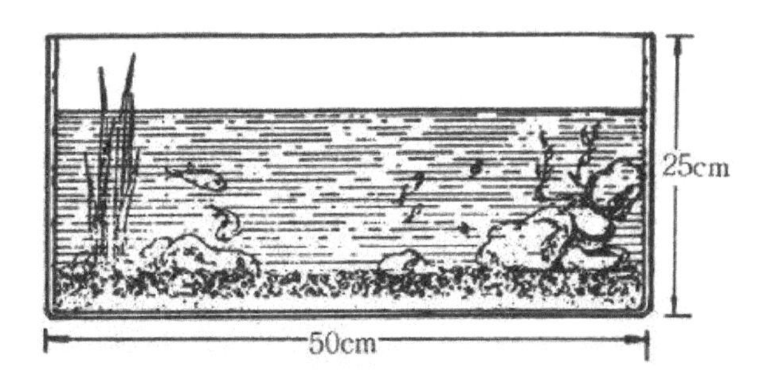

〈그림 256〉

(9) 초파리 생활사 관찰

투명한 유리병은 초파리를 사육하기에 적당하다. 유리병 안에 과일 조각을 넣고 다음 그림과 같이 깔때기 모양의 종이를 끼운다.

여러 마리의 초파리가 들어오면 종이를 치우고 솜으로 입구를 느슨하게 막는다. 여기에 암·수 초파리가 있으면 곧 알이 생긴다. 초파리의 암·수를 구별하는 법은 수컷이 암컷보다 몸집이 작으며 배 끝이 까맣다. 알은 2~3일이 지나면 애벌레가 되고 애벌레가 사육병 옆에 붙기 시작하면서 번데기로 된다. 약 10일 정도가 지나면 초파리가 나오게 된다.

초파리는 종류에 따라 약간의 차이는 있으나 20~25℃의 온도 조건에서 잘 자란다(그림 257).

〈그림 257〉

〈과학교육 학습자료〉

유전학 실험 재료「초파리」

■ 초파리의 사육 및 관찰

(1) 초파리의 분류학적 위치

현재 세계적으로 알려진 초파리 속(屬)은 약 1,000종이 알려져 있으며, 한국산 초파리 종류는 1과(科) 2아과(亞科) 8속(屬) 100종(種)이 알려져 있다. 초파리의 분류학적 위치는

동물 계(界) → 절지동물 문(門) → 곤충 강(綱) → 파리 목(目) → 초파리 과(科) → 초파리 속(屬) → 초파리 종(種)

(2) 초파리가 유전 실험 재료로 좋은 점

세계 각국에서는 초파리를 집단 유전학, 행동 유전학, 진화학, 계통 분류학 등의 연구 실험 재료로 사용하고 있다. 초파리가 실험 재료로 좋은 점은

1. 초파리는 주변에서 쉽게 구할 수 있으며, 사육이 간편하다.
2. 초파리는 다루기 쉽고, 여러 가지 많은 돌연변이 형질을 가지고 있다.
3. 초파리는 한 세대의 길이가 짧고(25°C에서 10일), 많은 수의 자손을 낳는다(1쌍이 약 1,000마리 정도 낳는다).
4. 초파리의 침샘에는 거대 염색체가 있어 염색체 연구가 용이하다.

(3) 초파리 채집법

초파리 채집 시기는 5월부터 11월까지가 좋으며, 초파리가 사는 장소는 종류에 따라 다르다.

- 과수원이나 과일 가게에 많이 사는 종류
- 양조장이나 신 냄새가 나는 곳에 사는 종류
- 유원지의 쓰레기통 근처에 사는 종류
- 야산의 숲이나 나무가 많은 곳에 사는 종류

일반적으로 초파리는 양지보다는 음지, 바람이 없는 곳보다는 약간 바람이 부는 곳을 좋아한다.

초파리를 채집하는 방법에는 포충망을 이용해서 잡는 스위핑(sweeping)법과 과일 먹이를 이용해서 잡는 트래핑(trap-ping)법이 있다.

스위핑법은 초파리가 사는 지역에 가서 포충망을 좌우로 흔들어서 잡는 방법이고, 트래핑법은 사과나 배 또는 참외를 썰어서 그 후에 효모를 이용해서 발효시킨 것을 초파리가 있을만한 지역에 놓아두었다가 2~3일 후 초파리가 모이면 포충망을 덮어 씌워서 잡는 방법이다(그림 258).

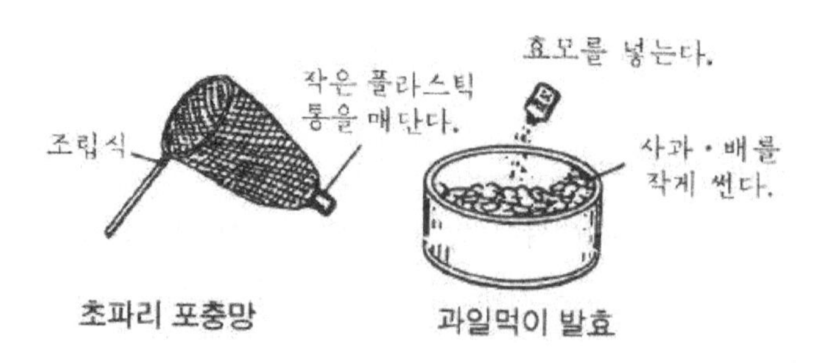

〈그림 258〉

(4) 초파리 사육

초파리는 온도나 습도에 많은 영향을 받는다. 따라서 초파리는 사육은 항온실에서 이루어지는 것이 바람직하다.

초파리는 종류에 따라 약간씩 차이는 있지만 20~25°C의 온도 조건에서 잘 자란다.

초파리 사육을 위해서는 사육병과 먹이를 준비해야 한다. 초파리 사육병으로는 작은 유리관 병을 많이 쓰나, 많은 개체수를 사육하려면 우유병을 사용해도 좋다. 사육병과 솜마개(혹은 스펀지)는 사용 전에 미리 멸균을 해서 사용해야 곰팡이가 생기지 않는다. 초파리 먹이는 과일을 썰어 넣어 주어도 좋지만 일반적으로 옥수수가루 먹이를 많이 쓴다.

필요하면 라벨을 써서 붙인다.

〈초파리 먹이 만드는 법〉

- 옥수수 가루 100g
- 한천(우무) 6g
- 효모 25g
- 당밀 80㎖
- 프로피온산 6㎖
- 물 1,000㎖

① 한천을 더운 물에 넣고 녹인다.
② 옥수수 가루와 효모를 찬물에 섞어 혼합한 후, 끓는 한천에 부으면서 젓는다.
③ 당밀과 프로피온산을 넣고 저어 준다.
④ 먹이를 사육병에 일정량씩 넣은 후, 24시간 굳힌 후 사용한다.

(5) 초파리의 한살이

초파리는 한 번에 약 40~50개의 알을 낳는다. 알은 2~3일 지나면 애벌레가 되고, 애벌레는 계속 먹이를 먹고 자라게 된다(1기, 2기, 3기의 애벌레시기를 거친다). 애벌레가 차츰 사육병 옆에 붙기 시작하면서 번데기로 된다. 번데기 시기가 지나면 껍질을 뚫고 초파리가 나오게 된다. 이 때 걸리는 기간은 25°C에서 약 10일 정도 소요된다(그림 259, 260).

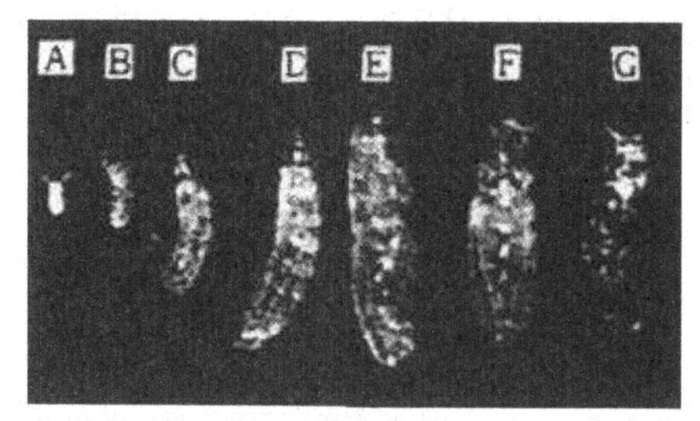

A : 알 B ~ E : 애벌레 F, G : 번데기

〈그림 259〉 초파리의 한살이

※초파리의 암수 구별법

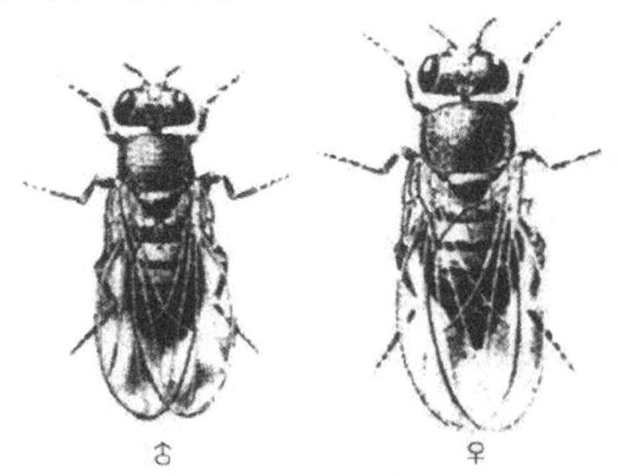

〈그림 260〉 초파리의 암수 구분

(6) 초파리의 관찰 및 교배 실험 방법

〈준비물〉 해부 현미경, 타일, 붓, 마취 병, 에테르, 사육병, 솜 마개, 라벨, 연필, 고무 밴드

〈방법〉

① 초파리를 마취시켜 타일에 쏟는다.
② 한 줄로 초파리를 배열한 후, 암수를 구별하며 위, 아래 두 줄로 분류한다.
③ 각기 다른 형질별로 암·수를 구분한 후, 교배 내용에 따라 각 사육병에 암·수 각각 2마리 씩 넣는다.
④ 이 때 아직 마취가 깨지 않았으므로 사육병은 옆으로 뉘어 놔야 한다.
⑤ 사육병에 교배 내용과 날짜를 써서 붙인다.

■ 초파리의 침샘 염색체 관찰

(1) 초파리의 침샘 염색체란?

초파리가 가지고 있는 침샘 염색체는 다른 세포의 염색체 보다 그 크기가 굉장히 크다. 이와 같이 다른 염색체보다 크기가 큰 염색체를 거대 염색체(giant chromosome)라고 하는데 초파리를 비롯한 쌍시목 곤충에서 발견된다. 초파리의 침샘 염색체는 완전히 자란 초파리 성체에서 발견되는 것이 아니고, 초파리 한살이 과정 중 제3기 유충(애벌레) 시기의 침샘에서 관찰할 수 있다.

(2) 초파리 침샘 추출

초파리의 침샘 염색체를 관찰하려면 먼저 초파리의 침샘을 찾아야 한다(그림 261).

초파리의 침샘을 구하기 위해서는 초파리를 사육하면서 애벌레가 크게 잘 자라게 하여야 한다. 한 개의 사육병 안에 너무 많은 애벌레가 자라도 안 되기 때문에 어미 초파리들은 사육병 밖으로 내보낸다(이 때 온도는 20~25℃를 유지).

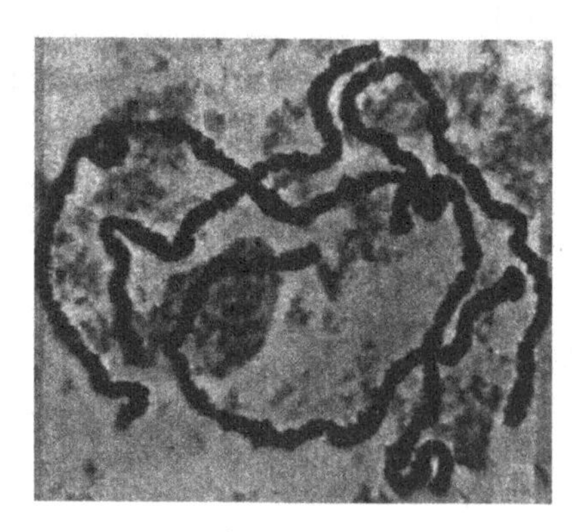

〈그림 261〉

※ 초파리 침샘 추출 방법

① 해부 현미경 밑에 검은색 종이를 깔고 그 위에 슬라이드 글라스를 놓는다(침샘이 흰색이기 때문에 잘 보이기 위함).

② 슬라이드 글라스에 0.5% NaCl 용액을 한 방울 떨어뜨리고 제3기 애벌레를 핀으로 꺼내 놓는다.

③ 해부 현미경을 통해 보면서 두 개의 가는 핀으로 초파리 애벌레를 위 아래로 잡아당겨 머리 부분과 함께 침샘을 몸속에서 뽑아낸다.

④ 침샘은 투명하고 길쭉한 비닐 주머니 모양이며, 머리 양쪽

에 1쌍이 붙어 있다. 침샘 주변에는 흰색 지방이 붙어 있는데, 이 지방을 핀으로 떼어낸다(그림 262).

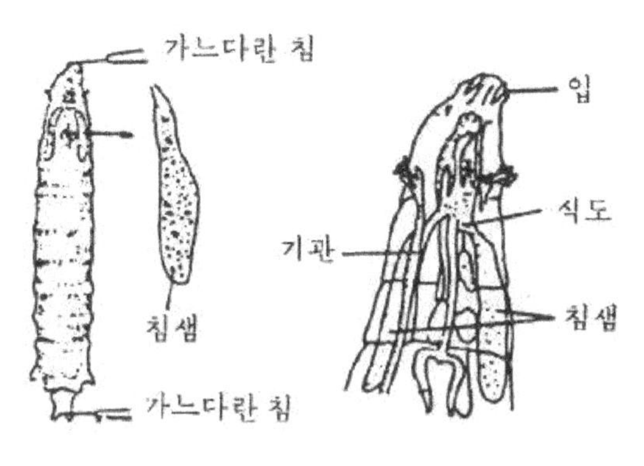

〈그림 262〉

※ 초파리 침샘 염색체 관찰 방법

초파리 제3기 애벌레에서 뽑아낸 1쌍의 침샘을 모두 사용한다.

① 깨끗한 슬라이드 글라스에 Aceto-Orcein 염색액을 미리 한 방울 떨어뜨려 둔다.

② 해부 현미경을 통해보면서 침샘을 0.5% NaCl 용액에서 꺼내, 1N HCl이 있는 슬라이드 글라스로 옮겨 놓는다(약 7~10초간).

③ 침샘을 45% Acetic acid에 넣는다(45초).

④ 침샘을 미리 준비한 Aceto-Orcein에 넣어 염색한다(5분).

⑤ 5분 후, 커버 글라스를 덮고, 그 위에 흡수지를 놓고 엄지 손가락으로 힘껏 누른다.

⑥ 광학 현미경을 통해 관찰한다. 먼저 저배율로 관찰한 후, 고배율로 관찰하면 5개의 팔을 가진 염색체가 관찰되고, 염색체 상의 띠가 보인다.

과학 교사를 위한

탐구학습 과학실험

초판 1990년 07월 30일
증쇄 2018년 02월 19일

지은이 박범익, 채광표
펴낸이 손영일
펴낸곳 전파과학사
주소 서울시 서대문구 증가로 18, 204호
등록 1956. 7. 23. 등록 제10-89호
전화 (02)333-8877(8855)
FAX (02)334-8092
홈페이지 www.s-wave.co.kr
E-mail chonpa2@hanmail.net
공식블로그 http://blog.naver.com/siencia

ISBN 978-89-7044-492-5 (03400)

도서목록

현대과학신서

A1 일반상대론의 물리적 기초
A2 아인슈타인 I
A3 아인슈타인 II
A4 미지의 세계로의 여행
A5 천재의 정신병리
A6 자석 이야기
A7 러더퍼드와 원자의 본질
A9 중력
A10 중국과학의 사상
A11 재미있는 물리실험
A12 물리학이란 무엇인가
A13 불교와 자연과학
A14 대륙은 움직인다
A15 대륙은 살아있다
A16 창조 공학
A17 분자생물학 입문 I
A18 물
A19 재미있는 물리학 I
A20 재미있는 물리학 II
A21 우리가 처음은 아니다
A22 바이러스의 세계
A23 탐구학습 과학실험
A24 과학사의 뒷얘기 I
A25 과학사의 뒷얘기 II
A26 과학사의 뒷얘기 III
A27 과학사의 뒷얘기 IV
A28 공간의 역사
A29 물리학을 뒤흔든 30년
A30 별의 물리
A31 신소재 혁명
A32 현대과학의 기독교적 이해
A33 서양과학사
A34 생명의 뿌리
A35 물리학사
A36 자기개발법
A37 양자전자공학
A38 과학 재능의 교육
A39 마찰 이야기
A40 지질학, 지구사 그리고 인류
A41 레이저 이야기
A42 생명의 기원
A43 공기의 탐구
A44 바이오 센서
A45 동물의 사회행동
A46 아이작 뉴턴
A47 생물학사
A48 레이저와 홀러그러피
A49 처음 3분간
A50 종교와 과학
A51 물리철학
A52 화학과 범죄
A53 수학의 약점
A54 생명이란 무엇인가
A55 양자역학의 세계상
A56 일본인과 근대과학
A57 호르몬
A58 생활 속의 화학
A59 셈과 사람과 컴퓨터
A60 우리가 먹는 화학물질
A61 물리법칙의 특성
A62 진화
A63 아시모프의 천문학 입문
A64 잃어버린 장
A65 별· 은하· 우주

도서목록

BLUE BACKS

1. 광합성의 세계
2. 원자핵의 세계
3. 맥스웰의 도깨비
4. 원소란 무엇인가
5. 4차원의 세계
6. 우주란 무엇인가
7. 지구란 무엇인가
8. 새로운 생물학(품절)
9. 마이컴의 제작법(절판)
10. 과학사의 새로운 관점
11. 생명의 물리학(품절)
12. 인류가 나타난 날 I (품절)
13. 인류가 나타난 날 II (품절)
14. 잠이란 무엇인가
15. 양자역학의 세계
16. 생명합성에의 길(품절)
17. 상대론적 우주론
18. 신체의 소사전
19. 생명의 탄생(품절)
20. 인간 영양학(절판)
21. 식물의 병(절판)
22. 물성물리학의 세계
23. 물리학의 재발견〈상〉(품절)
24. 생명을 만드는 물질
25. 물이란 무엇인가(품절)
26. 촉매란 무엇인가(품절)
27. 기계의 재발견
28. 공간학에의 초대(품절)
29. 행성과 생명(품절)
30. 구급의학 입문(절판)
31. 물리학의 재발견〈하〉(품절)
32. 열 번째 행성
33. 수의 장난감상자
34. 전파기술에의 초대
35. 유전독물
36. 인터페론이란 무엇인가
37. 쿼크
38. 전파기술입문
39. 유전자에 관한 50가지 기초지식
40. 4차원 문답
41. 과학적 트레이닝(절판)
42. 소립자론의 세계
43. 쉬운 역학 교실(품절)
44. 전자기파란 무엇인가
45. 초광속입자 타키온
46. 파인 세라믹스
47. 아인슈타인의 생애
48. 식물의 섹스
49. 바이오 테크놀러지
50. 새로운 화학
51. 나는 전자이다
52. 분자생물학 입문
53. 유전자가 말하는 생명의 모습
54. 분체의 과학(품절)
55. 섹스 사이언스
56. 교실에서 못 배우는 식물이야기(품절)
57. 화학이 좋아지는 책
58. 유기화학이 좋아지는 책
59. 노화는 왜 일어나는가
60. 리더십의 과학(절판)
61. DNA학 입문
62. 아몰퍼스
63. 안테나의 과학
64. 방정식의 이해와 해법
65. 단백질이란 무엇인가
66. 자석의 ABC
67. 물리학의 ABC
68. 천체관측 가이드(품절)
69. 노벨상으로 말하는 20세기 물리학
70. 지능이란 무엇인가
71. 과학자와 기독교(품절)
72. 알기 쉬운 양자론
73. 전자기학의 ABC
74. 세포의 사회(품절)
75. 산수 100가지 난문·기문
76. 반물질의 세계(품절)
77. 생체막이란 무엇인가(품절)
78. 빛으로 말하는 현대물리학
79. 소사전·미생물의 수첩(품절)
80. 새로운 유기화학(품절)
81. 중성자 물리의 세계
82. 초고진공이 여는 세계
83. 프랑스 혁명과 수학자들
84. 초전도란 무엇인가
85. 괴담의 과학(품절)
86. 전파란 위험하지 않은가(품절)
87. 과학자는 왜 선취권을 노리는가?
88. 플라스마의 세계
89. 머리가 좋아지는 영양학
90. 수학 질문 상자

91. 컴퓨터 그래픽의 세계
92. 퍼스컴 통계학 입문
93. OS/2로의 초대
94. 분리의 과학
95. 바다 야채
96. 잃어버린 세계·과학의 여행
97. 식물 바이오 테크놀러지
98. 새로운 양자생물학(품절)
99. 꿈의 신소재·기능성 고분자
100. 바이오 테크놀러지 용어사전
101. Quick C 첫걸음
102. 지식공학 입문
103. 퍼스컴으로 즐기는 수학
104. PC통신 입문
105. RNA 이야기
106. 인공지능의 ABC
107. 진화론이 변하고 있다
108. 지구의 수호신·성층권 오존
109. MS-Window란 무엇인가
110. 오답으로부터 배운다
111. PC C언어 입문
112. 시간의 불가사의
113. 뇌사란 무엇인가?
114. 세라믹 센서
115. PC LAN은 무엇인가?
116. 생물물리의 최전선
117. 사람은 방사선에 왜 약한가?
118. 신기한 화학매직
119. 모터를 알기 쉽게 배운다
120. 상대론의 ABC
121. 수학기피증의 진찰실
122. 방사능을 생각한다
123. 조리요령의 과학
124. 앞을 내다보는 통계학
125. 원주율 π의 불가사의
126. 마취의 과학
127. 양자우주를 엿보다
128. 카오스와 프랙털
129. 뇌 100가지 새로운 지식
130. 만화수학 소사전
131. 화학사 상식을 다시보다
132. 17억 년 전의 원자로
133. 다리의 모든 것
134. 식물의 생명상
135. 수학 아직 이러한 것을 모른다
136. 우리 주변의 화학물질
137. 교실에서 가르쳐주지 않는 지구이야기
138. 죽음을 초월하는 마음의 과학
139. 화학 재치문답
140. 공룡은 어떤 생물이었나
141. 시세를 연구한다
142. 스트레스와 면역
143. 나는 효소이다
144. 이기적인 유전자란 무엇인가
145. 인재는 불량사원에서 찾아라
146. 기능성 식품의 경이
147. 바이오 식품의 경이
148. 몸속의 원소여행
149. 궁극의 가속기 SSC와 21세기 물리학
150. 지구환경의 참과 거짓
151. 중성미자 천문학
152. 제2의 지구란 있는가
153. 아이는 이처럼 지쳐 있다
154. 중국의학에서 본 병 아닌 병
155. 화학이 만든 놀라운 기능재료
156. 수학 퍼즐 랜드
157. PC로 도전하는 원주율
158. 대인 관계의 심리학
159. PC로 즐기는 물리 시뮬레이션
160. 대인관계의 심리학
161. 화학반응은 왜 일어나는가
162. 한방의 과학
163. 초능력과 기의 수수께끼에 도전한다
164. 과학·재미있는 질문 상자
165. 컴퓨터 바이러스
166. 산수 100가지 난문·기문 3
167. 속산 100의 테크닉
168. 에너지로 말하는 현대 물리학
169. 전철 안에서도 할 수 있는 정보처리
170. 슈퍼파워 효소의 경이
171. 화학 오답집
172. 태양전지를 익숙하게 다룬다
173. 무리수의 불가사의
174. 과일의 박물학
175. 응용초전도
176. 무한의 불가사의
177. 전기란 무엇인가
178. 0의 불가사의
179. 솔리톤이란 무엇인가?
180. 여자의 뇌·남자의 뇌
181. 심장병을 예방하자